Indirekte Beleuchtung

von

Schul- und Zeichensälen

mit

Gas- und elektrischem Bogenlicht.

———————

Mit zahlreichen Abbildungen.

Bericht über Versuche in München,

erstattet von der auf Veranlassung des

Deutschen Vereins von Gas- und Wasserfachmännern gebildeten

KOMMISSION.

München und Berlin.

Druck und Verlag von R. Oldenbourg.

1905.

Vorwort.

Die Frage der künstlichen Beleuchtung von Schul- und
Zeichensälen hat in den letzten Jahren in steigendem Mafse
das Interesse der hohen und höchsten Staatsbehörden, der
Städteverwaltungen, der Vertreter der Wissenschaft und der
Technik sowie des gesamten Publikums erweckt. Insbesondere ist es die von den Hygienikern und Augenärzten
empfohlene indirekte Beleuchtung, welche schon bisher Gegen-
stand vieler Untersuchungen und Veröffentlichungen geworden
ist und, mit elektrischem Bogenlicht hergestellt, schon eine
beträchtliche Verbreitung gefunden hat.

Die Verwendung des Gases für indirekte Beleuchtung
dagegen beschränkte sich auf wenige ältere Versuche. Aber
gerade hier ist zu berücksichtigen, dafs in den letzten Jahren
auf dem Gebiete der Gasbeleuchtung grofse Fortschritte gemacht worden sind, welche namentlich in der Verbesserung
der Glühkörper für das Gasglühlicht und in der Schaffung
starker Lichtquellen durch das sogenannte Prefsgas zum Aus-
druck kommen und bisher noch nicht entsprechend in Betracht gezogen werden konnten.

Unser Verein hielt es deshalb für angezeigt, neuerdings
vergleichende Versuche mit Gas und elektrischem Bogenlicht
anstellen zu lassen und durch völlig unparteiische Vertreter
der einschlägigen Wissenschaften prüfen zu lassen, inwieweit
sich die Gasbeleuchtung nach ihrem jetzigen Stande für die
indirekte Beleuchtung von Schul- und Zeichensälen eignet.

Indem wir hiermit das Ergebnis dieser Versuche der
Öffentlichkeit übergeben, erfüllen wir nur eine angenehme

1 *

Pflicht, wenn wir den Mitgliedern der am Ende des Berichtes unterzeichneten Kommission, welche auf unsere Bitte, gemeinsam mit zwei Mitgliedern unseres Vereins, in entgegenkommender Weise die Durchführung der mühevollen Versuchsarbeiten übernommen haben, sowie allen denjenigen Herren, welche sie dabei unterstützt haben, namens des Vereins unsern verbindlichsten Dank aussprechen.

Ebenso danken wir dem Kgl. Bayr. Staatsministerium des Innern für Kirchen- und Schulangelegenheiten und allen jenen Behörden und Herren, durch deren Entgegenkommen uns die nötigen Räume zu den Versuchen zur Verfügung gestellt wurden.

Wir dürfen es wohl aussprechen, dafs durch die vorliegende Arbeit ein wertvoller Beitrag zur Klärung einer der wichtigsten Fragen auf dem Gebiete der Schulhygiene geliefert wurde, und wir hoffen, dafs die Ergebnisse der vorliegenden Versuche der Allgemeinheit zum Nutzen gereichen und eine fruchtbare Anregung zu weiteren Fortschritten geben mögen.

Berlin, im März 1905.

Der Deutsche Verein von Gas- und Wasserfachmännern.

Der Vorstand:

L. Körting.   **Dr. H. Bunte.**

Versuche über indirekte Beleuchtung von Schul- und Zeichensälen mit Gas- und elektrischem Bogenlicht.

Der Deutsche Verein von Gas- und Wasserfachmännern hat auf seiner XLIII. Jahresversammlung in Zürich beschlossen, durch seine Heizkommission in München vergleichende Versuche über die indirekte Beleuchtung von Schul- und Zeichensälen mit Gas- und elektrischem Bogenlicht anstellen zu lassen. Der Zweck dieser Versuche sollte sein, in objektiver Weise zu zeigen, inwieweit sich die Gasbeleuchtung nach dem heutigen Stande der Technik für Zwecke der zerstreuten und halbzerstreuten Beleuchtung eigne und wie sich dieselbe bei gleicher mittlerer Beleuchtung hinsichtlich Lichtverteilung und Beständigkeit der Lichtausstrahlung, ferner hinsichtlich der von seiten der Hygiene zu stellenden Anforderungen, sowie der Kosten gegenüber der Beleuchtung mit elektrischem Bogenlicht verhalte.

Die Heizkommission bildete infolge dieses Beschlusses eine Versuchskommission, welche aus den Unterzeichneten dieses Berichtes bestand.

Bei der Durchführung der Versuche wurden die Unterzeichneten unterstützt durch die Herren: Arzberger, Oberingenieur der städtischen Gaswerke in München, Dr. Schneider, Augenarzt in München, Spitta, Ingenieur der städtischen Gaswerke in München, und Utzinger, Oberingenieur der Siemens-Schuckertwerke in Charlottenburg, welche sich insbesondere durch Ausführung von Messungen der Beleuchtungsstärken verdient gemacht haben, und durch die Herren vom Hygienischen Institute in München: A. Glaser, Assistent des Hygienischen Instituts in München, und Dr. Mijairi aus Tokio, welche den gröfsten Teil der Luftuntersuchungen besorgten. Wir sagen allen genannten Herren unseren wärmsten Dank für ihre wertvolle Mithilfe.

Herr Dr. Schilling hatte die Güte, über die von der Versuchskommission gewonnenen Resultate einen vorläufigen Bericht in der XLIV. Jahresversammlung des Deutschen Vereins von Gas- und Wasserfachmännern in Hannover zu erstatten.[1] Im folgenden werden wir uns eng an jenen von der Versuchskommission gutgeheifsenen Bericht anschliefsen und ihn nur in einigen Fällen mit ergänzenden Bemerkungen versehen.

Der Vergleich zwischen elektrischem Bogenlicht und Gaslicht erstreckte sich auf ganz zerstreute und halbzerstreute Beleuchtung.

Die elektrische Bogenlampe hat auf dem Gebiete der intensiven, zerstreuten Beleuchtung gröfserer Säle ohne Zweifel grofse Erfolge aufzuweisen. Utzinger, der uns bei den vorliegenden Versuchen seine wertvolle Erfahrung und Mitwirkung zur Verfügung stellte, hat bereits auf der Jahresversammlung des Deutschen Vereins von Gas- und Wasserfachmännern in Nürnberg im Jahre 1898 darüber berichtet.[2]

Die Gasbeleuchtung hat sich auf gleichem Gebiete bisher mehr auf die halbzerstreute Beleuchtung mittels durchscheinender Mattglasreflektoren beschränkt, während die rein zerstreute Beleuchtung, also das mit undurchsichtigen Reflektoren zur Decke geworfene und dadurch völlig zerstreute Licht bisher weniger zur Anwendung kam. Da jedoch das elektrische Bogenlicht meistens in dieser Form zur Anwendung kommt, und gerade diese Art der Beleuchtung für grofse Säle, in denen feine Arbeiten zu verrichten sind, grofse Vorzüge besitzt, bot es besonderes Interesse, eine gleichartige Beleuchtung mit Gas einzurichten. Als Versuchssaal wurde hierfür ein Zeichensaal der Technischen Hochschule in München

---

[1] Journ. f. Gasbel. 1904, S. 709 u. ff.
[2] Journ. f. Gasbel. 1898, S. 726 u. ff.

gewählt, welcher schon mit zerstreuter Beleuchtung durch
elektrisches Bogenlicht versehen war. Die für die Versuche
herzustellende Beleuchtungsstärke auf den Arbeitsplätzen
wurde durch die Kommission von vornherein festgesetzt, um
für alle Versuche eine einheitliche Vergleichsbasis zu schaffen.
Die mittlere Beleuchtungsstärke in diesem Saale, wie sie
durch die vorhandene elektrische Beleuchtung gegeben war,
betrug nach den Versuchen 68 Lux; es erschien aber geboten,
mit Rücksicht auf die erhöhten Ansprüche unserer Zeit bis
auf 80 Lux (= 32 Lux in Rot) zu gehen.

Für die Versuche mit halbzerstreutem Lichte wurde der
Hörsaal der Forstlichen Versuchsanstalt in München ausgewählt. Die mittlere Beleuchtung seiner Arbeitsplätze wurde
von der Kommission auf nur 25 Lux (= 10 Lux in Rot)
festgesetzt.

Diese beiden Forderungen bilden wohl die Extreme,
innerhalb deren sich die meisten praktischen Fälle bewegen.

Die Größe der beiden Säle, ihre Einrichtung und die
Anordnung der Meßpunkte ist aus Fig. 1 und 2 zu ersehen.

Der Hörsaal der Forstlichen Versuchsanstalt (Fig. 1) hat
bei einer Grundfläche von rund 100 qm eine Höhe von 3,8 m.
Für die Gasbeleuchtung wurde die bekannte Anordnung der
Lampen mit halbdurchsichtigem Schirm für halbzerstreutes
Licht verwendet (Fig. 3). Zur Erreichung der Beleuchtung
von 25 Lux genügten acht Lampen, von denen zwei mit
Blechschirmen gegen den Saal hin abgeblendet waren und
zur Beleuchtung der Tafel und der neben dieser hängenden
Wandtafeln dienten. Diese Anordnung der Lampen neben der
Tafel hat den Vorteil, daß auf der Tafel selbst kein störender
Lichtreflex entsteht, und daß das Licht, welches von den
beiden Lampen gegen die Wandtafeln und die Wand selbst
geworfen wird, auch für die allgemeine Erhellung des Saales
durch Reflexion ausgenutzt wird.

Für die elektrische Beleuchtung dieses Saales kamen drei
Gleichstrombogenlampen der Siemens-Schuckertwerke für
6 Amp. mit der Garnitur für halbzerstreutes Licht in Anwendung, wie sie in Fig. 4b abgebildet sind. Es wurden

Fig. 1. Hörsaal der Forstlichen Versuchsanstalt. (Halbzerstreute Beleuchtung.)

Gasbeleuchtung. Längsschnitt.

Elektrische Beleuchtung. Längsschnitt.

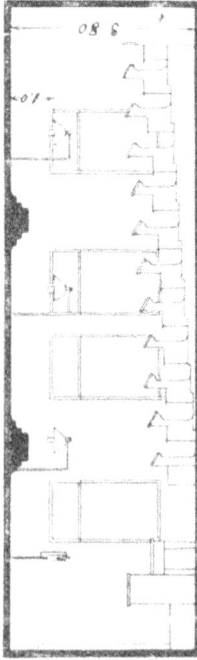

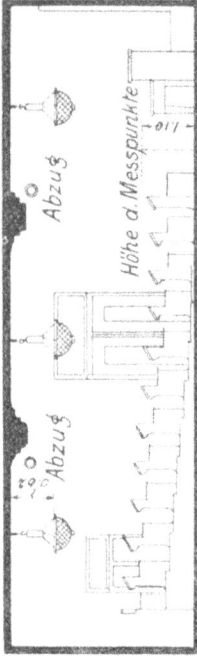

Grundriß. Anordnung der Lampen.

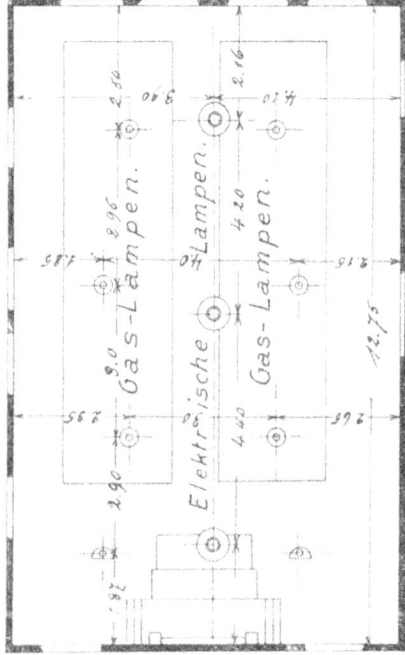

Grundriß. Anordnung der Meßpunkte.

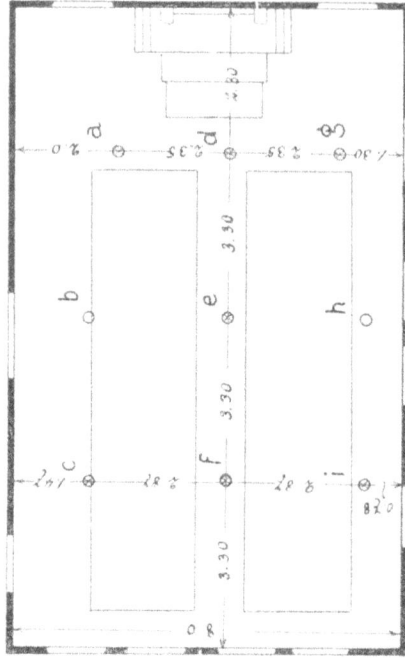

Fig. 2. **Zeichensaal der Technischen Hochschule. (Zerstreute Beleuchtung.)**
Längsschnitt.

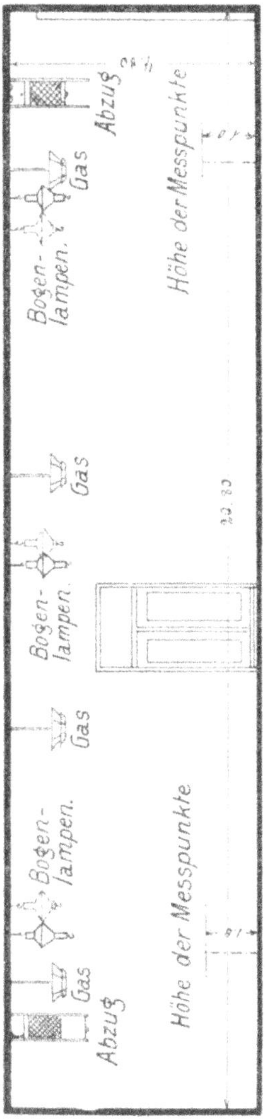

Grundriß. Anordnung der Lampen und Meßpunkte.

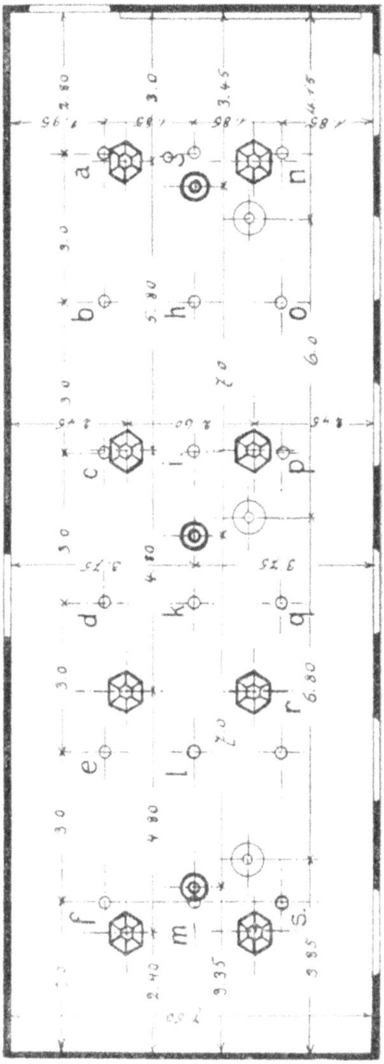

sowohl Lampen in Dreischaltung als in Zweischaltung unter-
sucht.

Der Zeichensaal der Technischen Hochschule (Fig. 2) hatte
bei einer Grundfläche von rund 150 qm eine Höhe von 4,8 m.
Die für die Gasbeleuchtung nötigen Reflektorlampen mufsten
neu angefertigt werden. Fig. 5 und 6 zeigt die Lampen
selbst wie deren Aufhängung. Da in diesen Lampen sowohl
gewöhnliches Gasglühlicht als auch neuere Systeme, wie Selas-
und Millenniumlicht, geprüft werden mufsten, so erschien es
zweckmäfsig, die Lampen zum Herablassen einzurichten, sowohl behufs bequemerer Auswechselung der Brenner als auch

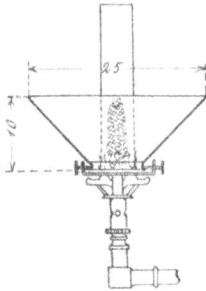

Fig. 3. Gaslampe
mit halbdurchsichtigem Schirm
für halbzerstreutes Licht.

behufs rascher Bedienung der Lampen während der Versuche.
Die Gaszuführung erfolgte durch biegsame Metallschläuche
von der Waffen- und Munitionsfabrik Karlsruhe; diese Einrichtung wurde auf Vorschlag des »Münchener Installations-
geschäftes für Licht und Wasser« von diesem ausgeführt und
soll sich auf einem Bahnhofe in München gut bewährt
haben. Für eine ständige Einrichtung erscheinen allerdings
die Schläuche in dem Saale etwas störend, auch steigern sich
die Einrichtungskosten durch die Verwendung der aus Kupfer
gefertigten Schläuche in unliebsamer Weise. Vielleicht wird
es den Spezialtechnikern auf diesem Gebiete gelingen, die
Vorteile der beweglichen Aufhängung noch in einer zweck-
mäfsigeren und billigeren Weise für die Gasbeleuchtung nutz-
bar zu machen.[1]

------

[1] Vgl. Journ. f. Gasbel. 1903, S. 725.

Fig. 4. Elektrische Bogenlampen

a) für zerstreutes Licht mit normaler Kohlenstellung (Siemens-Schuckertwerke),

b) für halbzerstreutes Licht mit normaler Kohlenstellung (Siemens-Schuckertwerke),

c) für zerstreutes Licht mit umgekehrter Kohlenstellung (Siemens-Schuckertwerke),

d) für zerstreutes Licht mit umgekehrter Kohlenstellung (Körting-Mathiesen).

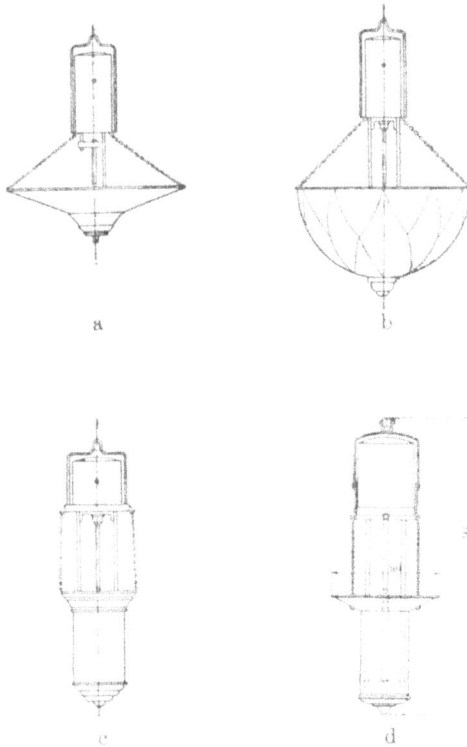

Fig. 5. **Gas-Reflektorlampe** für zerstreutes Licht.

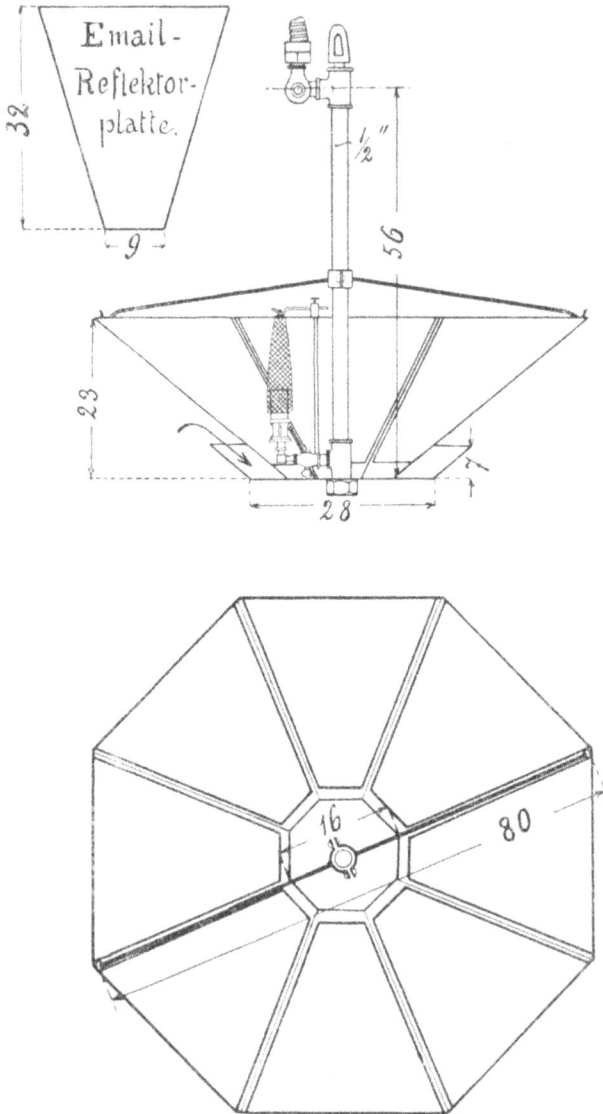

Fig. 6. **Aufhängevorrichtung** für die Gas-Reflektorlampe.

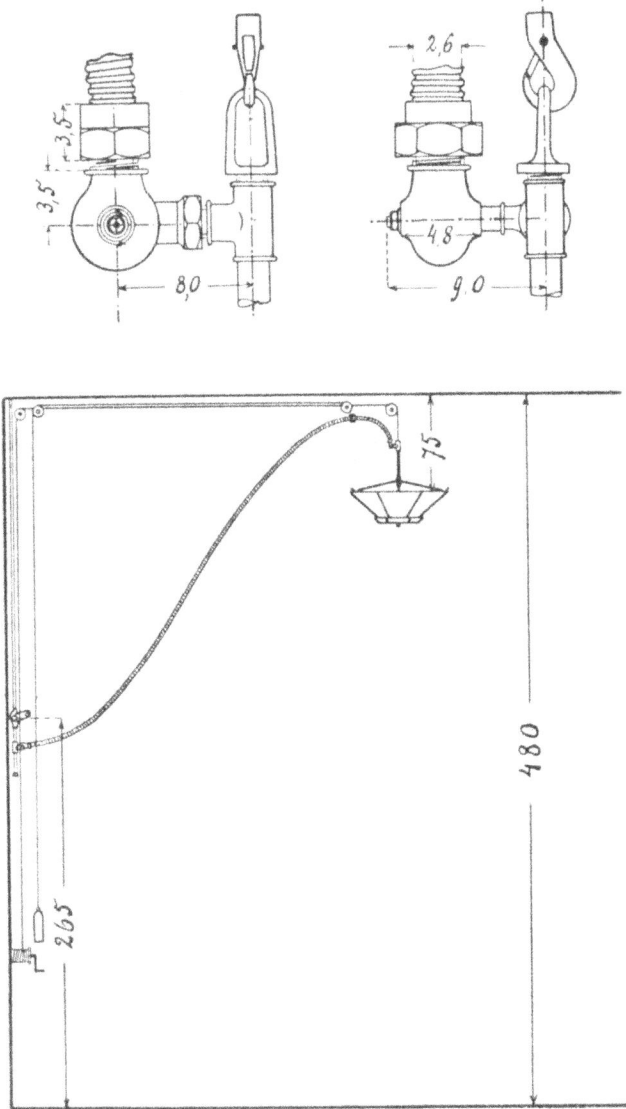

Was die Reflektorlampe selbst betrifft, so ist darauf zu achten, dafs die Luftzuführung von unten erfolgt, weil sonst bei der hohen Stellung der Lampen nahe der Decke die eigenen Verbrennungsprodukte der Flammen von den Brennern wieder angesaugt werden. Die Gesamtbeleuchtung ist um so gröfser, je näher die Lampen der Decke sind. Bei allen Versuchen wurde dieser Abstand mit 75 cm eingehalten. Der Reflektor war so konstruiert, dafs einerseits der zur Decke geworfene Lichtkreis möglichst grofs ist, dafs aber anderseits das Auge an keiner Stelle des Saales direktes Licht von der Lichtquelle erhält.

Es erübrigt noch, ein Wort über die Zündung der Gas-lampen zu sagen. Bei der verhältnismäfsig geringen jähr-lichen Brennstundenzahl, welche in Lehranstalten meistens erreicht wird, sind Dauerflammen im allgemeinen nicht zu empfehlen. In einem Hörsaale, wie demjenigen der Forst-lichen Versuchsanstalt, bietet die Zündung mittels Spiritus-lampe nicht die mindeste Schwierigkeit. Es läfst sich aber hier sowohl wie in grofsen Sälen mit zerstreuter Beleuchtung auch elektrische Zündung anwenden. Die Elektro-Gasfern-zündergesellschaft in Berlin hatte zu diesem Zwecke den Hör-saal mit einer elektrischen Zündung versehen, welche, soweit dies während der Versuche beobachtet werden konnte, gut funktionierte. Auch die Multiplexgesellschaft hat in Hannover Schulen mit elektrischer Zündung eingerichtet.[1]) Insbesondere wird sich die elektrische Zündung da empfehlen, wo die Lampen sehr hoch hängen. Für einen Saal von der Höhe des Zeichensaales der Technischen Hochschule wäre, wenn man nicht das bei den Versuchen angewendete System mit Vorrichtung zum Herablassen wählen will, auch eine Zündung mittels Zündstockes möglich, wenn dieselbe durch Anbringung einer Kletterzündung oder in ähnlicher Weise vermittelt wird.

Auch in dem Saale der Technischen Hochschule wurde zunächst die Gasbeleuchtung mit gewöhnlichem Glühlicht dem Versuche unterzogen. Anfänglich waren in den acht vorgesehenen Lampen 32 Brenner montiert, die sich jedoch

---

[1]) Nach mündlichen Mitteilungen.

für die geforderte Beleuchtung von 80 Lux nicht als genügend erwiesen, so daſs ihre Zahl auf 52 erhöht wurde. Hierbei waren in sechs Lampen je 6, in zwei Lampen je 8 Brenner untergebracht.

Es lag auf der Hand, daſs gegenüber dieser Einrichtung die neuen Formen der Preſsgasbeleuchtung (Millennium-, Pharos- und Selaslicht) Vorteile bieten würden, und so wurden weiterhin auch diese dem Versuche unterstellt, und zwar wurde das Selas- und das Millenniumlicht hierfür ausgewählt. Von den beiden Gesellschaften wurden uns die nötigen Maschinen und Einrichtungen in entgegenkommender Weise zur Verfügung gestellt. Bei Millenniumlicht waren 8, also in jeder Lampe ein Brenner, bei Selaslicht 10 Brenner ange- bracht.

Über die elektrische Beleuchtung dieses Saales ist fol- gendes zu bemerken:

Die Firma Schuckert (jetzt Siemens-Schuckertwerke), welche uns sowohl bei der Einrichtung der elektrischen Beleuchtung in beiden Sälen, als auch bei den Messungen in besonderer Weise unterstützte, legte von Anfang an Wert darauf, Lampen mit umgekehrter Kohlenstellung, d. h. Lampen, deren positive Kohle sich unten befindet, zu verwenden, da diese ohne besonderen Reflektor ohnehin schon den gröſsten Teil des Lichtes zur Decke werfen und dadurch eine günstigere Aus- nutzung des Lichtes ergeben. Auſser der Firma Schuckert wurde auf deren Wunsch auch noch die Firma Körting & Mathiesen gebeten, uns ihre Lampen für umgekehrte Kohlen- stellung zur Verfügung zu stellen, welchem Ansuchen in entgegenkommendster Weise entsprochen wurde. Auſser diesen beiden Lampenkonstruktionen, welche in Fig. 4 unter c und d abgebildet sind, kamen noch die bisher schon ver- wendeten Lampen mit normaler Kohlenstellung von Schuckert, welche mit a und b bezeichnet sind, zur Untersuchung.

Nachdem hiermit die Beleuchtungseinrichtungen in den Sälen kurz erläutert sind, wenden wir uns den Ergebnissen der vergleichenden Messungen über die Beleuchtung zu, welche sich in den nachfolgenden Tabellen I bis XI verzeichnet finden.

I. Beleuchtung mit halbzerstreutem Licht in dem Hörsaale der Forstlichen Versuchsanstalt.

I. Gasbeleuchtung.

Versuch vom 25. Februar 1904.

× Glühkörper Sorte A nach 300 Brennstunden.

Gasverbrauch bei 40 mm Druck: 0,9467 cbm pro Stunde.

Beleuchtung in Lux:

a)	1.	25,1	d)	1.	31,9	g)	1.	26,0
	2.	26,6		2.	31,6		2.	22,5
	3.	24,8		3.	26,2		3.	21,5
Mittel		25,5	Mittel		29,9	Mittel		23,3
b)	1.	30,1	e)	1.	35,8	h)	1.	28,6
	2.	29,7		2.	37,5		2.	27,6
	3.	25,5		3.	29,1		3.	23,7
Mittel		29,9			34,1			26,6
c)	1.	29,4	f)	1.	34,6	i)	1.	24,5
	2.	27,4		2.	35,4		2.	24,1
	3.	24,2		3.	31,1		3.	22,4
		27,0			33,7			23,7

Mittel des Beobachters 1: 29,5 Lux 2: 29,1 " 3: 25,6 "

Mittlere Beleuchtung 28,07 Lux

Gasverbrauch, berechnet für 25 Lux: 0,843 cbm p. Std.

II. Elektrische Beleuchtung.

Versuch vom 25. Februar 1904.

3 Schuckert-Dreischaltlampen.

Stromverbrauch an den Lampen gemessen: $6,028 \times 109,94 = 6,63$ HW-Std.

bei 110 Volt Leitungsspannung: $6,028 \times 110 = 6,63$ HW-Std.

Beleuchtung in Lux:

a)	1.	24,5	d)	1.	44,3	g)	1.	22,1
	2.	25,9		2.	44,3		2.	22,9
	3.	20,1		3.	35,1		3.	18,1
Mittel		23,5	Mittel		41,2	Mittel		21,0
b)	1.	22,5	e)	1.	63,4	h)	1.	21,6
	2.	17,4		2.	55,0		2.	22,5
	3.	18,7		3.	43,5		3.	19,3
		19,5			50,6			21,1
c)	1.	22,0	f)	1.	44,5	i)	1.	20,9
	2.	20,9		2.	50,2		2.	19,7
	3.	18,5		3.	39,6		3.	21,9
		20,5			44,8			20,8

Mittel des Beobachters 1: 30,6 Lux 2: 31,0 " 3: 26,1 "

Mittlere Beleuchtung 29,23 Lux

Stromverbrauch, berechnet für 25 Lux: 5,68 HW-Std.

III. Elektrische Beleuchtung.

Versuch vom 26. März 1904.

3 Schuckert-Zweischaltlampen.

Stromverbrauch an den Lampen gemessen: $6,011 \times 38,99 + 6,002 \times 38,67 + 6,195 \times 38,75 = 7,07$ HW-Std.

bei 110 Volt Leitungsspannung: $18,21 \times 55 = 10,02$ HW-Std.

Beleuchtung in Lux:

a)	1.	21,4	d)	1.	42,8	g)	1.	21,3
	2.	27,3		2.	49,8		2.	22,2
	3.	22,9		3.	41,6		3.	21,0
Mittel		23,9	Mittel		44,7	Mittel		21,5
b)	1.	18,5	e)	1.	48,0	h)	1.	19,1
	2.	18,5		2.	52,9		2.	—
	3.	19,2		3.	45,0		3.	17,7
		18,7			48,6			18,4
c)	1.	17,8	f)	1.	42,1	i)	1.	17,6
	2.	20,9		2.	45,0		2.	18,9
	3.	18,6		3.	45,0		3.	18,6
		19,1			44,0			18,4

Mittel des Beobachters 1: 27,6 Lux 2: 31,9 " 3: 27,7 "

Mittlere Beleuchtung 29,07 Lux

Stromverbrauch, berechnet für 25 Lux: 8,61 HW-Std.

II. Beleuchtung mit zerstreutem Licht in dem Zeichensaale der Technischen Hochschule.

IV.

Gasbeleuchtung.

Gasglühlicht 52 Flammen.

Versuch vom 20. Februar 1904.

Glühkörper Sorte B nach 300 Brennstunden.

Gasverbrauch bei 40 mm Druck: 5,7462 cbm pro Stunde.

Beleuchtung in Lux:

a) 1.	72,2	g) 1.	80,7	n) 1.	89,7
2.	70,0	2.	76,6	2.	75,3
3.	69,8	3.	76,4	3.	71,2
Mittel	70,7	Mittel	77,9	Mittel	78,7
b) 1.	81,8	h) 1.	99,5	o) 1.	87,5
2.	86,2	2.	96,5	2.	85,2
3.	84,5	3.	89,1	3.	81,7
	84,1		95,0		84,8
c) 1.	85,8	i) 1.	116,5	p) 1.	88,7
2.	92,2	2.	98,8	2.	89,2
3.	84,8	3.	94,1	3.	90,3
	87,6		103,1		89,4
d) 1.	87,3	k) 1.	114,6	q) 1.	91,0
2.	84,5	2.	97,0	2.	102,2
3.	83,1	3.	87,7	3.	84,4
	84,9		99,8		92,5
e) 1.	92,0	l) 1.	110,0	r) 1.	87,5
2.	88,0	2.	97,2	2.	100,5
3.	84,0	3.	89,2	3.	87,7
	88,0		98,8		91,9
f) 1.	74,0	m) 1.	113,2	s) 1.	85,7
2.	79,5	2.	94,3	2.	101,0
3.	83,8	3.	87,0	3.	74,5
	79,1		98,2		87,1

Mittel des Beobachters 1: 92,2 Lux

,, ,, ,, 2: 89,7 ,,

,, ,, ,, 3: 83,5 ,,

Mittlere Beleuchtung 88,47 Lux

Gasverbrauch, berechnet für 80 Lux: 5,196 cbm pro Stunde.

3

V.

Gasbeleuchtung.

Selaslicht 10 Flammen.

Versuch vom 3. Februar 1904.

Glühkörper neu.

Gasverbrauch: 3,721 cbm pro Stunde.   Druck der Gasluft-
mischung: 850 mm.

Beleuchtung in Lux:

a)	1.	87,8	g)	1.	91,5	n)	1.	91,9
	2.	80,3		2.	95,2		2.	93,3
	3.	75,7		3.	87,2		3.	81,3
Mittel		81,3	Mittel		91,3	Mittel		88,8
b)	1.	98,8	h)	1.	95,8	o)	1.	97,6
	2.	87,2		2.	102,5		2.	91,7
	3.	80,3		3.	87,2		3.	81,7
		88,8			95,2			90,3
c)	1.	82,2	i)	1.	93,7	p)	1.	80,0
	2.	75,5		2.	94,2		2.	82,3
	3.	72,2		3.	80,7		3.	76,8
		76,6			89,5			79,7
d)	1.	79,4	k)	1.	83,5	q)	1.	80,2
	2.	72,3		2.	89,3		2.	85,3
	3.	68,6		3.	76,2		3.	72,5
		73,4			83,0			79,3
e)	1.	86,4	l)	1.	91,8	r)	1.	82,7
	2.	78,4		2.	87,2		2.	82,5
	3.	70,3		3.	80,2		3.	75,2
		78,4			86,4			80,1
f)	1.	85,0	m)	1.	91,8	s)	1.	91,0
	2.	84,2		2.	94,3		2.	84,7
	3.	70,2		3.	87,3		3.	72,5
		79,8			91,1			82,7

Mittel des Beobachters 1 :   88,4 Lux

„   „   „   2 :   86,2   „

„   „   „   3 :   77,5   „

Mittlere Beleuchtung   84,03 Lux

Gasverbrauch, berechnet für 80 Lux: 3,531 cbm pro Stunde.

VI.
Gasbeleuchtung.
Selaslicht 10 Flammen.
Versuch vom 22. Februar 1904.[1]
Glühkörper neu.

Gasverbrauch: 3,590 cbm pro Stunde. Druck der Gasluft-
mischung: 850 mm.

Beleuchtung in Lux:

a)	1.	70,2	g)	1.	93,3	n)	1.	85,8
	2.	75,5		2.	66,3		2.	82,0
	3.	73,3		3.	87,7		3.	66,5
	Mittel	73,0		Mittel	82,4		Mittel	78,1
b)	1.	81,3	h)	1.	95,0	o)	1.	82,6
	2.	77,8		2.	73,8		2.	79,6
	3.	79,4		3.	92,2		3.	66,5
		79,5			87,0			76,2
c)	1.	73,8	i)	1.	89,8	p)	1.	78,7
	2.	69,0		2.	70,0		2.	77,2
	3.	73,3		3.	82,0		3.	66,4
		72,0			80,6			74,1
d)	1.	64,2	k)	1.	77,8	q)	1.	72,1
	2.	57,8		2.	53,2		2.	68,1
	3.	64,5		3.	70,7		3.	62,7
		62,2			67,2			67,6
e)	1.	66,3	l)	1.	88,5	r)	1.	72,9
	2.	53,3		2.	63,3		2.	73,7
	3.	67,5		3.	71,3		3.	64,3
		62,7			74,4			70,3
f)	1.	68,1	m)	1.	102,3	s)	1.	82,8
	2.	55,8		2.	76,4		2.	88,3
	3.	76,2		3.	78,6		3.	74,6
		66,7			85,8			81,9

Mittel des Beobachters 1: 80,8 Lux
»   »   »   2: 71,2 »
»   »   »   3: 73,2 »

Mittlere Beleuchtung 75,08 Lux

Gasverbrauch, berechnet für 80 Lux: 3,824 cbm pro Stunde.

---

[1] Nach dem Versuch zeigte sich, daſs die Brenner verstaubt und die Luftöffnungen nicht genau reguliert waren, wodurch die geringere mittlere Beleuchtung zu erklären ist.

VII.

Gasbeleuchtung.

Selaslicht 10 Flammen.

Versuch vom 27. Februar 1904.

Glühkörper neu.

Gasverbrauch: 3,934 cbm pro Stunde. Druck der Gasluft
mischung: 870 mm.

Beleuchtung in Lux:

a)	1.	—	g)	1.	—	n)	1.	—
	2.	91,3		2.	112,3		2.	104,7
	3.	89,7		3.	104,0		3.	93,7
	Mittel 90,5			Mittel 108,1			Mittel 99,2	
b)	1.	—	h)	1.	—	o)	1.	—
	2.	101,2		2.	113,0		2.	100,1
	3.	97,0		3.	100,7		3.	91,5
	99,1			106,8			95,8	
c)	1.	—	i)	1.	—	p)	1.	—
	2.	79,2		2.	93,7		2.	88,2
	3.	81.9		3.	92,8		3.	85,0
	80,5			93,2			86,6	
d)	1.	—	k)	1.	—	q)	1.	—
	2.	73,8		2.	98,2		2.	85,5
	3.	75,2		3.	82,8		3.	79,5
	74,5			90,5			82,5	
e)	1.	—	l)	1.	—	r)	1.	—
	2.	79,7		2.	93,7		2.	86,0
	3.	78,3		3.	86,4		3.	82,0
	79,0			90,0			84,0	
f)	1.	—	m)	1.	—	s)	1.	—
	2.	77,7		2.	101,2		2.	85,5
	3.	80,5		3.	90,8		3.	85,3
	79,1			96,0			85,4	

Mittel des Beobachters 1:   — Lux

    ˮ   ˮ   ˮ   2:   92,5   ˮ

    ˮ   ˮ   ˮ   3:   87,4   ˮ

Mittlere Beleuchtung   89,95 Lux

Gasverbrauch, berechnet für 80 Lux: 3,498 cbm pro Stunde.

VIII.

Gasbeleuchtung.

Millenniumlicht 8 Flammen.

Versuch vom 12. März 1904.

Glühkörper neu.

Gasverbrauch: 3,840 cbm pro Stunde. Druck: 1482 mm
Wasserhöhe.

Beleuchtung in Lux:

a)	1.	85,5	g)	1.	104,0	n)	1.	89,2
	2.	79,3		2.	97,0		2.	90,0
	3.	82,5		3.	103,0		3.	92,0
	Mittel	82,4		Mittel	101,3		Mittel	90,4
b)	1.	96,5	h)	1.	97,0	o)	1.	87,8
	2.	73,0		2.	97,0		2.	87,0
	3.	87,5		3.	100,5		3.	91,0
		85,7			98,2			88,6
c)	1.	81,0	i)	1.	94,3	p)	1.	79,0
	2.	66,5		2.	87,3		2.	73,5
	3.	80,0		3.	90,0		3.	79,5
		75,8			90,5			77,3
d)	1.	73,5	k)	1.	83,2	q)	1.	77,0
	2.	60,2		2.	78,6		2.	63,0
	3.	75,5		3.	81,0		3.	74,6
		69,7			80,9			71,5
e)	1.	75,3	l)	1.	86,3	r)	1.	76,5
	2.	67,4		2.	87,2		2.	68,6
	3.	76,8		3.	85,0		3.	75,0
		73,2			86,2			73,4
f)	1.	73,5	m)	1.	87,0	s)	1.	82,8
	2.	72,0		2.	80,5		2.	74,0
	3.	77,6		3.	85,0		3.	79,5
		74,4			84,2			78,8

Mittel des Beobachters 1: 85,0 Lux

     „   „   „   2: 77,9 „

     „   „   „   3: 84,2 „

Mittlere Beleuchtung 82,37 Lux

Gasverbrauch, berechnet für 80 Lux: 3,729 cbm pro Stunde.

IX.
Elektrische Beleuchtung.[1]
Gleichstrombogenlampen à 12 Amp. mit normaler Kohlenstellung.
Zweischaltung.
Versuch vom 22. Februar 1904.
3 Lampen von den Siemens-Schuckertwerken.

Stromverbrauch an den Lampen gemessen:
$$13{,}61 \times 46{,}40 + 13{,}47 \times 46{,}21 + 14{,}74 \times 46{,}0 = 19{,}32 \text{ HW·Std.},$$
bei 110 Volt Leitungsspannung: $41{,}82 \times 55 = 23{,}00$ HW-Std.

Beleuchtung in Lux:

a)	1.	68,5	g)	1.	76,4	n)	1.	64,0
	2.	81,3		2.	90,7		2.	77,0
	3.	62,9		3.	79,6		3.	62,7
Mittel		70,9	Mittel		82,2	Mittel		67,9
b)	1.	63,8	h)	1.	68,8	o)	1.	58,2
	2.	70,6		2.	77,8		2.	61,0
	3.	57,8		3.	65,2		3.	56,6
		64,1			70,6			58,6
c)	1.	65,3	i)	1.	76,4	p)	1.	65,2
	2.	79,0		2.	87,8		2.	67,0
	3.	59,2		3.	74,3		3.	66,2
		67,8			79,5			66,1
d)	1.	61,6	k)	1.	73,8	q)	1.	66,0
	2.	63,8		2.	79,8		2.	69,8
	3.	58,5		3.	70,4		3.	64,8
		61,3			74,7			66,9
e)	1.	58,7	l)	1.	67,6	r)	1.	57,2
	2.	54,3		2.	68,4		2.	71,8
	3.	51,4		3.	61,8		3.	61,2
		54,8			65,9			63,4
f)	1.	57,2	m)	1.	81,7	s)	1.	64,0
	2.	79,7		2.	84,3		2.	70,8
	3.	58,8		3.	69,1		3.	64,6
		68,2			78,4			66,5

Mittel des Beobachters 1: 66,3 Lux
» » » 2: 74,2 »
» » » 3: 63,6 »

Mittlere Beleuchtung 68,03 Lux
Stromverbrauch, berechnet für 80 Lux: 27,05 HW-Stunden.

---

[1] Für diesen Versuch wurde die vorhandene Installation benutzt, für welche nur 50 Lux als mittlere Flächenhelligkeit verlangt waren.

X.

Elektrische Beleuchtung.

Gleichstrombogenlampen à 12 Amp. mit umgekehrter Kohlenstellung.

Zweischaltung.

Versuch vom 20. Februar 1904.

3 Lampen von Körting & Mathiesen.

Stromverbrauch an den Lampen gemessen:
$13,46 \times 43,79 + 12,88 \times 44,9 + 13,63 \times 44,4 = 17,73$ HW-Std.,
bei 110 Volt Leitungsspannung: $39,97 \times 55 = 21,98$ HW-Std.

Beleuchtung in Lux:

a)	1. 91,3	g)	1. 132,0	n)	1. 117,0
	2. 91,2		2. 136,0		2. 106,3
	3. 88,5		3. 108,8		3. 103,1
	Mittel 90,3		Mittel 125,6		Mittel 108,8
b)	1. 75,8	h)	1. 112,0	o)	1. 94,7
	2. 88,8		2. 105,3		2. 85,8
	3. 80,0		3. 99,2		3. 87,2
	81,5		105,5		89,2
c)	1. 85,3	i)	1. 140,6	p)	1. 119,1
	2. 108,8		2. 132,0		2. 114,5
	3. 98,2		3. 126,2		3. 102,4
	97,4		132,9		112,0
d)	1. 85,3	k)	1. 137,0	q)	1. 120,0
	2. 100,8		2. 129,0		2. 117,7
	3. 87,5		3. 124,4		3. 100,6
	91,2		130,1		112,8
e)	1. 79,0	l)	1. 123,6	r)	1. 97,0
	2. 78,5		2. 110,0		2. 86,4
	3. 82,3		3. 95,0		3. 88,7
	79,9		109,5		90,7
f)	1. 80,2	m)	1. 139,0	s)	1. 99,6
	2. 88,5		2. 129,5		2. 110,8
	3. 84,0		3. 113,8		3. 99,0
	84,2		127,4		103,1

Mittel des Beobachters 1: 107,1 Lux
„ „ „ 2: 106,7 „
„ „ „ 3: 98,3 „

Mittlere Beleuchtung 104,03 Lux

Stromverbrauch, berechnet für 80 Lux: 16,90 HW-Stunden.

XI.

Elektrische Beleuchtung.

Gleichstrombogenlampen à 12 Amp. mit umgekehrter Kohlenstellung.

Zweischaltung.

Versuch vom 12. März 1904.

3 Lampen von den Siemens-Schuckertwerken.

Stromverbrauch an den Lampen gemessen:

$$13,21 \times 42,85 + 12,75 \times 43,77 + 12,89 \times 43,82 = 16,89 \text{ HW-Std.},$$

bei 110 Volt Leitungsspannung: $38,85 \times 55 = 21,37$ HW-Std.

Beleuchtung in Lux:

a)	1	94,5	g)	1.	119,0	n)	1.	90,3
	2.	90,7		2.	122,5		2.	90,8
	3.	92,3		3.	105,5		3.	85,8
	Mittel	92,5		Mittel	115,7		Mittel	89,0
b)	1.	80,0	h)	1.	96,8	o)	1.	85,7
	2.	81,3		2.	104,0		2.	81,5
	3.	80,5		3.	94,0		3.	83,5
		80,6			98,3			83,6
c)	1.	90,5	i)	1.	107,6	p)	1.	104,3
	2.	94,0		2.	126,5		2.	100,0
	3.	88,5		3	112,0		3.	97,7
		91,0			115,4			100,7
d)	1.	85,0	k)	1.	107,0	q)	1.	92,0
	2.	85,0		2.	123,5		2.	97,0
	3.	88,3		3.	104,0		3.	89,5
		86,1			111,5			92,8
e)	1.	75,7	l)	1.	88,0	r)	1.	79,6
	2.	83,3		2.	99,5		2.	71,0
	3.	77,0		3.	89,5		3.	75,0
		78,7			92,3			75,2
f)	1.	82,0	m)	1.	104,7	s)	1.	92,5
	2.	91,8		2.	119,0		2.	89,0
	3.	84,0		3.	103,0		3.	88,6
		85,9			108,9			90,0

Mittel des Beobachters 1: 93,1 Lux

» » » 2: 97,2 »

» » » 3: 91,0 »

Mittlere Beleuchtung 93,77 Lux

Stromverbrauch, berechnet für 80 Lux: 18,23 HW-Stunden.

Graphische Darstellung der Beleuchtungsstärken.

I. Halbzerstreutes Licht im Hörsaale der Forstlichen Versuchsanstalt. [1])

Fig. 7.

| 1. Gasbeleuchtung. | 2. Elektrische Beleuchtung. Dreischaltlampen. System Siemens-Schuckert. | 3. Elektrische Beleuchtung. Zweischaltlampen. System Siemens-Schuckert |

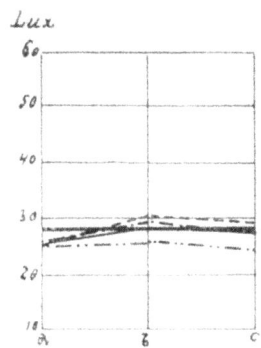

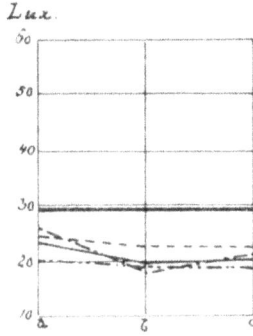

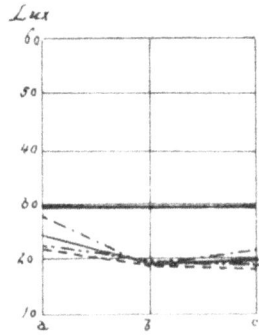

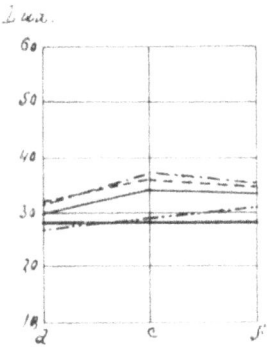

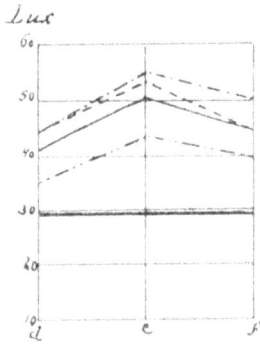

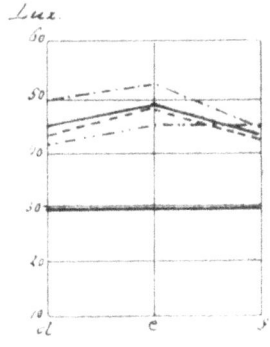

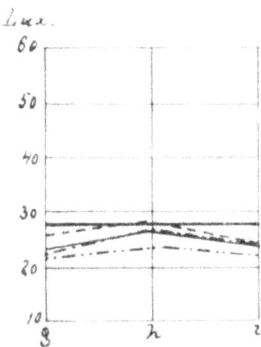

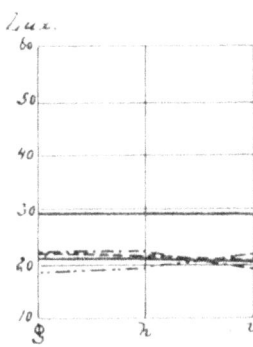

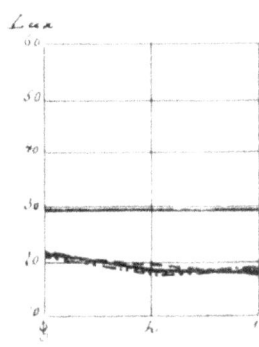

[1]) - - - - Beobachter 1.   — - — Beobachter 2.   —··—·· Beobachter 3.   ———— Mittelwert.
———— Gesamtmittel aus sämtlichen Beobachtungen an allen Meßpunkten.

Fig. 8 a.

4. Gasbeleuchtung, Gasglühlicht.

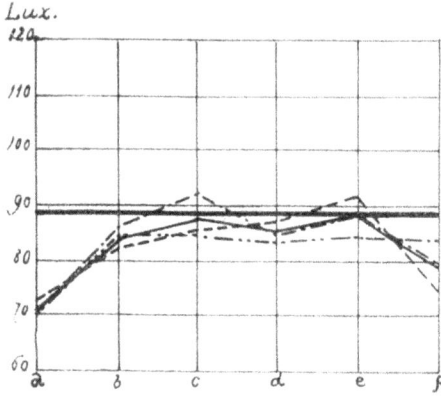

5. Gasbeleuchtung, Selaslicht.
(Versuch vom 3. Februar 1904.)

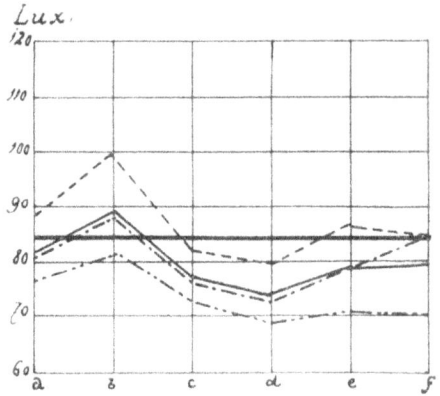

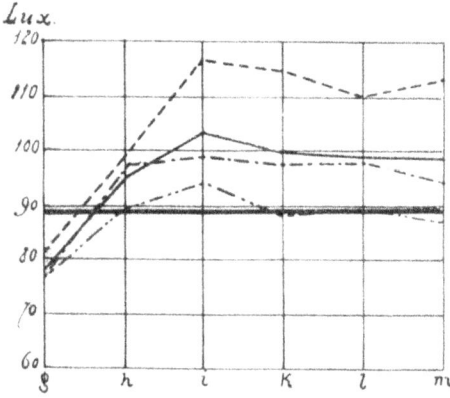

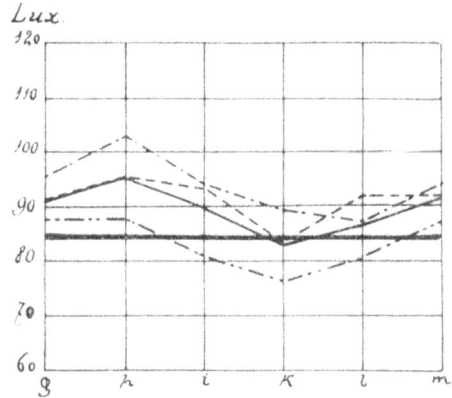

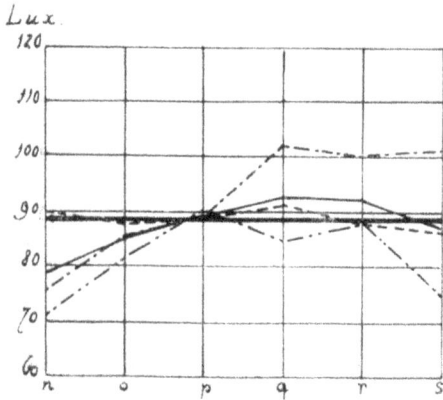

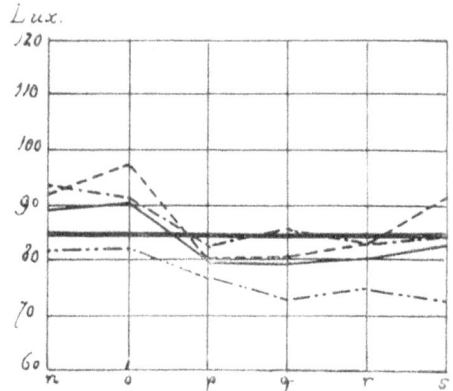

Fig. 8b.

6. Gasbeleuchtung, Selaslicht.
(Versuch vom 22. Februar 1904.)

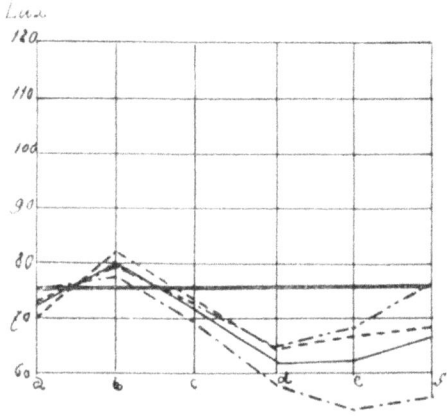

7. Gasbeleuchtung, Selaslicht.
(Versuch vom 27. Februar 1904).

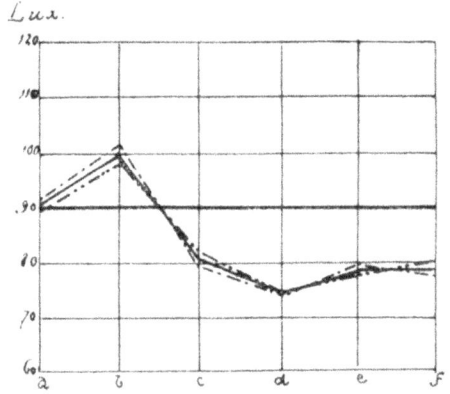

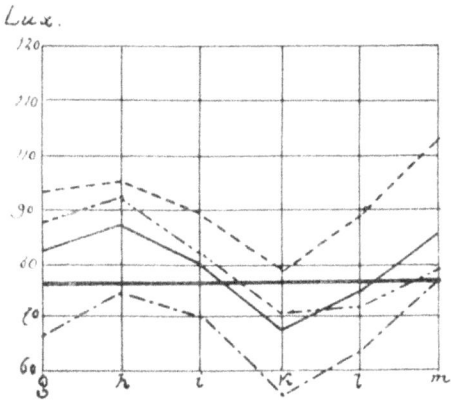

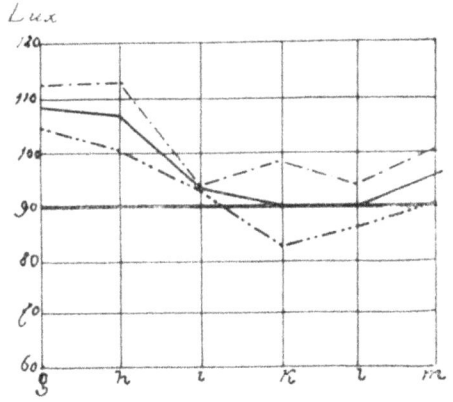

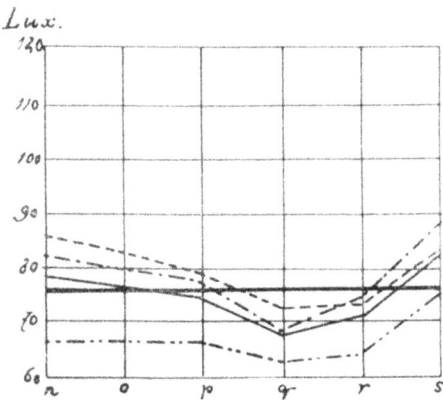

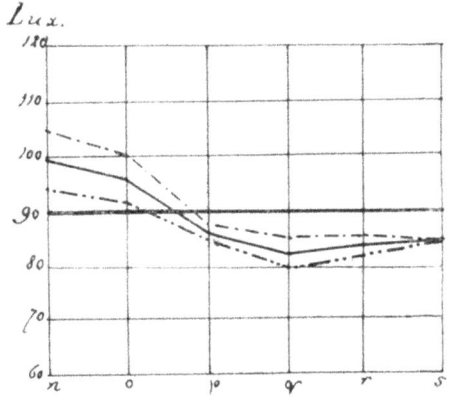

Fig. 8 c.

8. Gasbeleuchtung,
Millenniumlicht.

9. Elektrische Beleuchtung.
Gleichstromlampen à 12 Amp. mit
normaler Kohlenstellung.

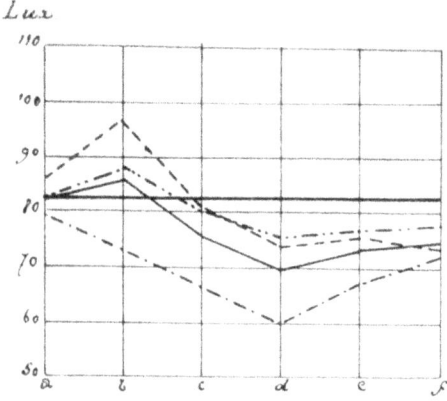

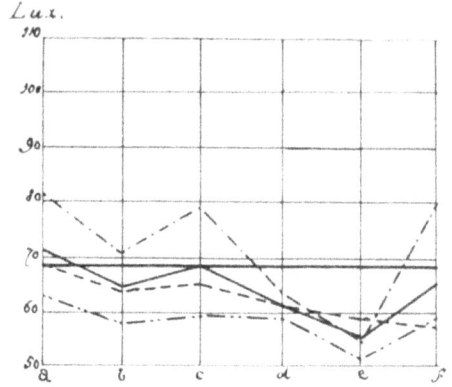

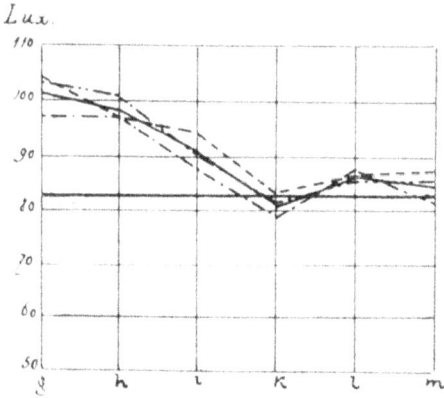

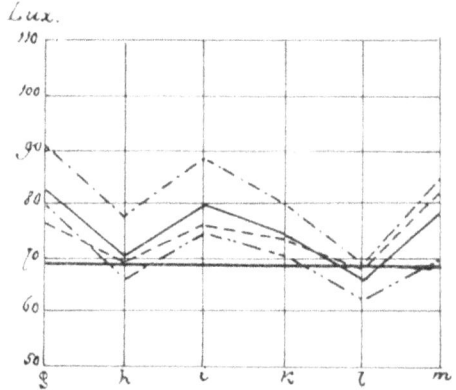

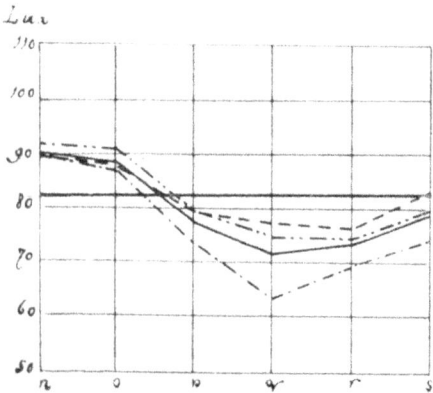

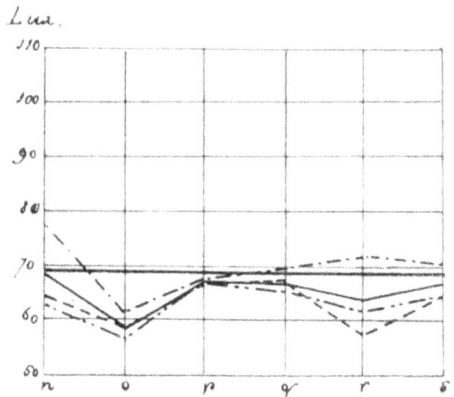

Fig. 8 d.

10. Elektrische Beleuchtung.
Gleichstromlampen à 12 Amp. mit umge-
kehrter Kohlenstellung.
System Körting-Mathiesen.

11. Elektrische Beleuchtung.
Gleichstromlampen à 12 Amp. mit umge-
kehrter Kohlenstellung.
System Siemens-Schuckert.

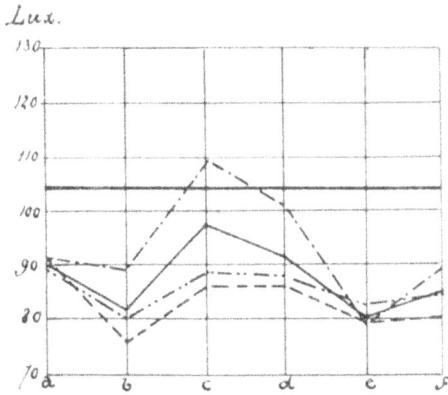

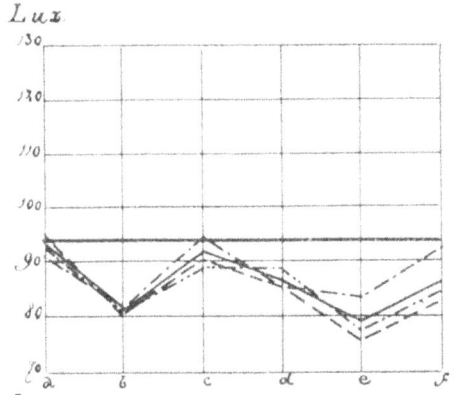

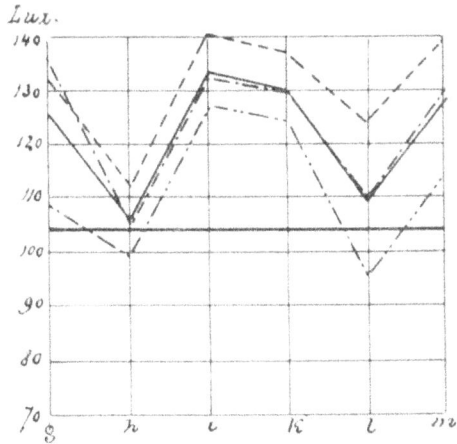

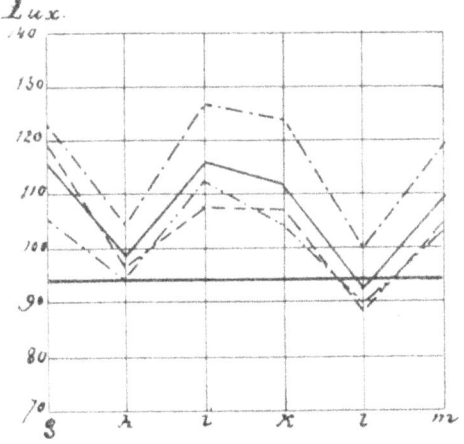

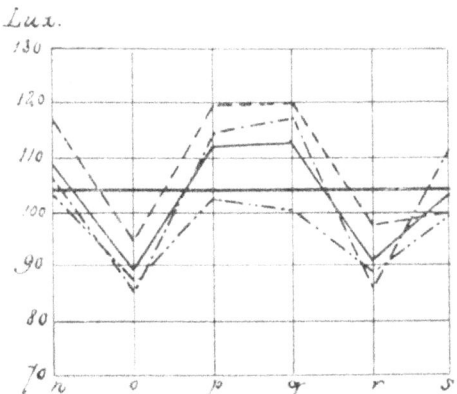

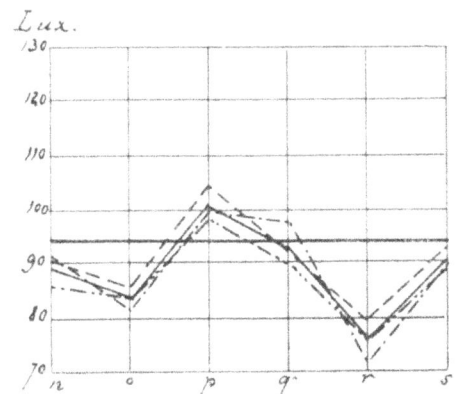

In den Protokollen über die Versuche mit Gaslicht sind zunächst Gasverbrauch und Druck angegeben. Letzterer wurde durch einen von der Firma Eisen & Wichmann in Stuttgart uns zur Verfügung gestellten Druckregler konstant gehalten. Bei den Versuchen mit Bogenlicht ist zunächst der Stromverbrauch für die elektrischen Lampen für jeden Versuch verzeichnet, und zwar direkt an den Lampen gemessen, dann umgerechnet unter Berücksichtigung der Vorschaltwiderstände. Es folgen dann die von drei Beobachtern an den einzelnen Meßpunkten des Saales jeweils mit dem Photometer von L. Weber in der Höhe von 1,10 m (Hörsaal) und 1,0 m (Zeichensaal) über dem Fußboden gemessenen Beleuchtungsstärken. Jeder Beobachter benutzte immer das von ihm selbst geeichte Instrument. Bei den zahlreich vorgenommenen Eichungen wurden einige nicht uninteressante Beobachtungen gemacht, über welche später berichtet werden soll, da sie für die vorliegende Arbeit von geringerer Bedeutung und auch noch nicht vollständig abgeschlossen sind. Die photometrischen Messungen selbst wurden in weißem Licht ausgeführt, und zwar ausschließlich mit Hilfe der Mattglasscheibe des Instrumentes bei senkrecht nach oben gerichtetem Tubus, da bei Verwendung des Kartons jede Stellung des Photometers störende Schatten hervorrief. Am Fuße jedes Protokolls ist die mittlere Beleuchtung sowohl für die einzelnen Beobachter als für alle Meßpunkte angegeben. Schließlich ist der Gas- bzw. elektrische Energieverbrauch auf die zum Vergleiche gewählte Norm von 25 bzw. 80 Lux berechnet.

Um den Vergleich der einzelnen Versuche zu erleichtern, sind in den vorstehenden Abbildungen (Fig. 7 und 8 a, b, c und d) die gemessenen Beleuchtungsstärken als Ordinaten eingetragen, während die Abszissen die Meßpunkte darstellen. Die Zahlenwerte der drei Beobachter sind als gestrichelte und strichpunktierte Linien mit einem und zwei Punkten dargestellt, die ausgezogene Linie stellt die Mittelwerte für die einzelnen Meßpunkte dar, die mittlere Beleuchtung des ganzen Saales hingegen ist als stark ausgezogene gerade horizontale Linie eingetragen.

Aus den horizontalen Linien der Mittelwerte kann man unmittelbar entnehmen, dafs mit der Gasbeleuchtung die vorgeschriebenen Beleuchtungen von 25 und 80 Lux in den Mitteln erreicht, teilweise überschritten wurden. Eine Ausnahme bildet nur der zweite Versuch mit Selaslicht vom 22. Februar, bei welchem die Reinigung und Regulierung der Brenner nicht sorgfältig genug vorgenommen worden war. Der folgende Versuch ergab nach genauer Justierung der Brenner wieder 90 Lux mittlere Beleuchtung. Es darf ohne weiteres angenommen werden, dafs mit den angewandten Beleuchtungssystemen auch noch höhere Beleuchtungen hätten erreicht werden können. Bei gewöhnlichem Gasglühlicht findet diese Steigerung allerdings in der grofsen Anzahl der erforderlichen Einzelbrenner ihre Begrenzung, man wird deshalb für starke Beleuchtung grofser Säle schon aus diesem Grunde zum Prefsgaslicht greifen müssen.

Bei den Versuchen mit elektrischen Bogenlampen blieb der unter Ziffer IX aufgeführte Versuch unter 80 Lux, was durch die vorhandene Installation bedingt war. Durch Anbringung einer vierten Bogenlampe hätte aber auch hier die geforderte Beleuchtung erreicht werden können.

Aus den Kurven (Fig. 7 und 8 a, b, c und d) und der nachstehenden Tabelle ist zu ersehen, dafs die Lichtverteilung in dem kleineren Hörsaale bei Gas gleichmäfsiger war als bei elektrischem Licht, was in der gröfseren Zahl der Gasflammen begründet ist.

Im grofsen Zeichensaale ist die ungleichmäfsige Lichtverteilung bei den elektrischen Bogenlampen mit umgekehrter Kohlenstellung auffallend. Sie rührt von dem geringen Durchmesser des Lichtkreises her, der von der unteren positiven Kohle direkt zur Decke geworfen wird. Durch Verwendung zweckmäfsiger Reflektoren würde sicherlich eine gleichmäfsigere Lichtverteilung erzielt werden können. Bei der Gasbeleuchtung machte die viel gleichmäfsigere Verteilung des Lichtes auf Decke und Wände einen sehr angenehmen Eindruck. Die Lichtverteilung würde noch besser gewesen sein, wenn die Gaslampen zweckmäfsiger verteilt gewesen wären.

Tabelle über die gröfsten Unterschiede in der mittleren Platzbeleuchtung.

Beleuchtungsart	Ort und Datum des Versuchs	Platzbeleuchtung	
		gröfste Lux	geringste Lux
Gasglühlicht halb-zerstreut	Forstl. Vers.-Anst. 25. II.	34,1	23,3
Elektrische Bel. halb-zerstreut, Dreischaltlampen	Forstl. Vers.-Anst. 25. II.	50,6	19,5
Elektrische Bel. halb-zerstreut, Zweischaltlampen	Forstl. Vers.-Anst. 26. III.	48,6	18,4
Gasglühlicht zerstreut	Techn. Hochschule 20. II.	103,1	70,7
Selaslicht zerstreut	Techn. Hochschule 3. II.	95,2	73,4
do.	Techn. Hochschule 22. II.	87,0	62,2
do.	Techn. Hochschule 27. II.	108,1	74,5
Millenniumlicht zerstreut	Techn. Hochschule 12. III.	101,3	69,7
Elektrische Bel. zerstreut Schuckertlampen, normale Kohlenstellung	Techn. Hochschule 22. II.	82,2	54,8
Elektrische Bel. zerstreut Lampen Körting-Mathiesen umgek. Kohlenstellung	Techn. Hochschule 20. II.	132,9	79,9
Elektrische Bel. zerstreut Lampen Siemens-Schuckert umgek. Kohlenstellung	Techn. Hochschule 12. III.	115,7	75,2

Darüber bestand für alle Teilnehmer an den Versuchen kein Zweifel, dafs die rein zerstreute Beleuchtung das Ideal der Beleuchtung von Schul- und Hörsälen darstellt, weil dabei jede Blendung und jede Schattenbildung vollständig vermieden wird. Dafs diese Art der Beleuchtung auch in grofsen Sälen und bei hohen Forderungen bezüglich der

Beleuchtung mit Gas durchgeführt werden kann,
haben die Versuche klar erwiesen.

Eine wichtige Bedingung für eine derartige Beleuchtung
ist die Stetigkeit und das gleichmäfsige, ruhige
Brennen der Lichtquellen. Diesem Punkte wurde deshalb auch bei unseren Versuchen grofse Aufmerksamkeit ge-
widmet. In den nachstehenden Kurven (Fig. 9) sind die
Lichtschwankungen zusammengestellt, welche die Veränderung der Helligkeit in Prozenten der Anfangshelligkeit darstellen.

Die Messungen wurden mit dem Weberphotometer an
zwei Punkten des Saales alle 15 Sekunden in ununterbrochener
Reihenfolge während 5 Minuten vorgenommen. Im allgemeinen
bewegen sich diese Schwankungen innerhalb der Fehlergrenzen
der Beobachtung und zeigen, dafs andauernde Lichtschwankungen von Bedeutung bei beiden Lichtarten während der
Untersuchung nicht aufgetreten sind. Wohl aber wurde bei
der elektrischen Beleuchtung in einigen Fällen ein kurzes
Zucken oder Aufblitzen bemerkt, welches von zu kurzer Dauer
war, um gemessen werden zu können. Es wurde deshalb nur
die Anzahl der Zuckungen gleichfalls während 5 Minuten
konstatiert.

Die Schlufsfolgerungen, welche die Versuchskommission
aus diesen Beobachtungen gezogen hat, lauten: »Ein kurzes
Zucken der Lichtquellen war in störendem Mafse
bei der halbzerstreuten Beleuchtung mit Bogenlampen in Dreischaltung vorhanden, weshalb
diese Art der Beleuchtung ohne Vorschaltwiderstände für Schulen und Hörsäle nicht zu empfehlen
ist. Bei Bogenlampen mit umgekehrter Kohlenstellung trat je nach Konstruktion mehr oder
minder häufig ein Zucken (Aufblitzen) auf, welches
je nach Stärke und Häufigkeit mehr oder minder
störend ist.«

Fig. 9. Lichtschwankungen.

Anfangsbeleuchtung = 100.

A. Halbzerstreutes Licht.

1. Gasglühlicht.

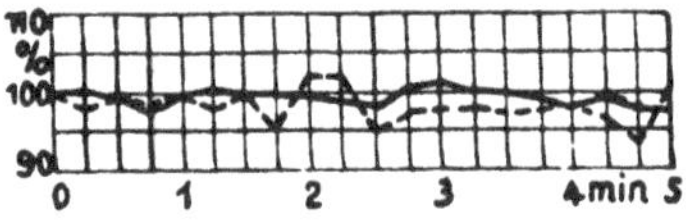

2. Elektrisches Bogenlicht.
Dreischaltlampen.

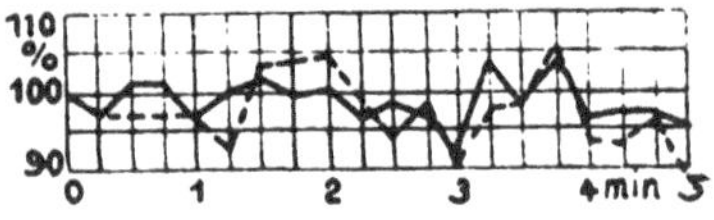

3. Elektrisches Bogenlicht.
Zweischaltlampen.

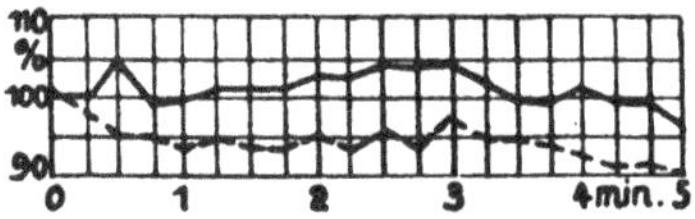

B. Zerstreutes Licht.

4. Gasbeleuchtung.
Selaslicht.

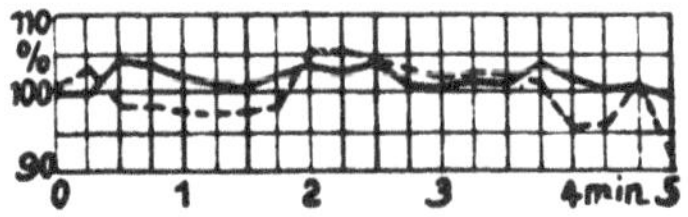

5. Gasbeleuchtung.
Selaslicht

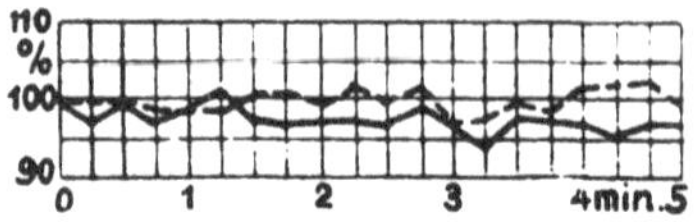

6. Gasbeleuchtung.
Millenniumlicht.

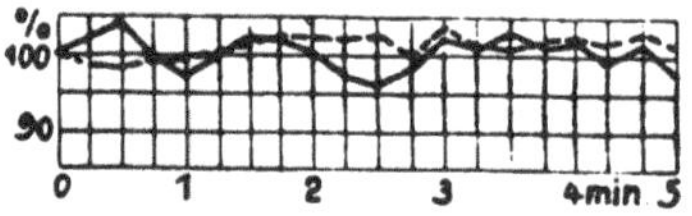

7. Elektrisches Bogenlicht
Siemens-Schuckert-Lampe
mit normaler Kohlenstellung.

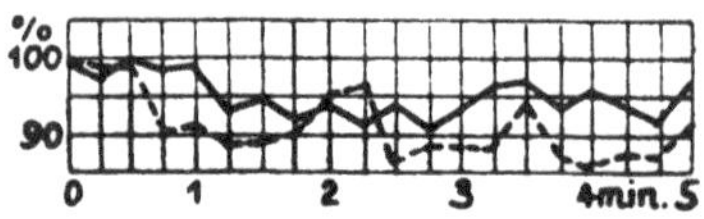

8. Elektrisches Bogenlicht.
Körting-Mathiesen-Lampe mit umgekehrter Kohlenstellung.

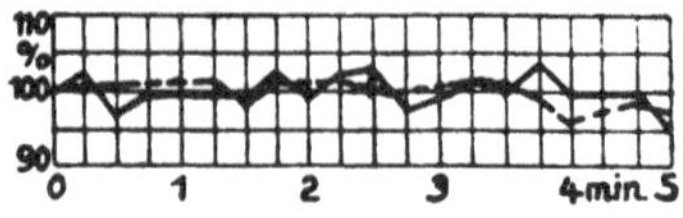

9. Elektrisches Bogenlicht.
Siemens-Schuckert-Lampe mit
umgekehrter Kohlenstellung.

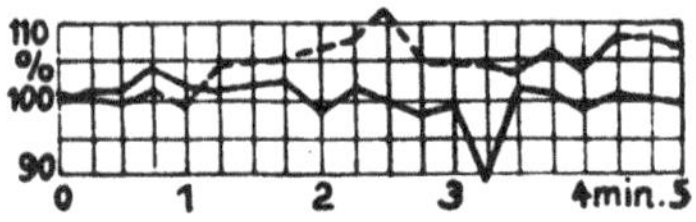

Beobachtungen über das Zucken der elektrischen Lampen.

Art der Beleuchtung	Datum	Zahl der Zuckungen während 5 Minuten			Be- merkung
		Lampe 1	Lampe 2	Lampe 3	
Forstl. Versuchsanstalt: Dreischaltlampen . . .	11. III. 04	7	7	7 .	kurze, aber starke Zuckungen, störend
Zweischaltlampen . . .	26. III. 04	2	1	3	
Technische Hochschule: Siemens-Schuckert-Lampe mit norm. Kohlenstellung	22. II. 04	1	1	1	
Siemens-Schuckert-Lampe m. umgek. Kohlenstellung	12. III. 04	5 2	4 5	4 6	stärker schwächer
Körting-Mathiesenlampe m. umgek. Kohlenstellung	20. II. 04	49	13	17	

Gegenüber der geringen Zahl von Zuckungen bei normaler Kohlenstellung fallen die häufigen Zuckungen bei umgekehrter Kohlenstellung ins Auge. Die Firma Körting & Mathiesen sprach die Ansicht aus, daſs die Spannung an den Lampen zu hoch sei. Da jedoch nach Angabe dieser Firma die Spannung 44 Volt maximal betragen soll und die Spannung an dem Tage, an welchem die Zuckungen gezählt wurden, nämlich am 20. Februar, nach dem Protokoll im Mittel: 43,79, 44,9, 44,4 Volt, also im Durchschnitt nur unwesentlich mehr war, als die Firma verlangt, so ist die Erscheinung damit kaum zu erklären. Dieselbe hängt vielmehr wohl mit der umgekehrten Kohlenstellung überhaupt auf das innigste zusammen, was ja auch der Grund ist, weshalb man von den Vorteilen, welche diese Lampen in ihrer Ökonomie bieten, für die Beleuchtung von Hör- und Zeichensälen bisher keinen ausgiebigen Gebrauch gemacht hat.

Anscheinend ist das Zucken bei der Lampe der Siemens-Schuckertwerke weniger häufig, was durch die Form der

Kohlen erzielt sein soll; indessen darf von den 5 Minuten
der Beobachtung kein allgemeiner Vergleich auf beide Lampen
gezogen werden, da solche Erscheinungen, wie das Zucken
von Bogenlampen, ja sehr wechselnd auftreten. Jedenfalls
bietet nach unseren Versuchen die Lampe mit normalstehenden
Kohlen weit gröfsere Garantien für ruhiges Brennen als die
beiden Lampen für umgekehrte Kohlenstellung.

Ein Vorwurf, welcher nicht selten gegen die Gasbeleuchtung erhoben wird, ist der, dafs sie die Farbenunterscheidung
nur in mangelhafter Weise zulasse. Dieser Vorwurf ist gegenüber der neueren Intensivbeleuchtung mit Prefsgas kaum von
Gewicht. Ohne Zweifel ist die Unterscheidung der dunkelblauen
und dunkelgrünen Töne beim elektrischen Bogenlicht feiner und
sicherer. Manchmal zeigte sich auch die Unterscheidung der
ganz hellen grünen, gelben und orangen Töne besonders als
Wasserfarben, wenn sie noch nafs waren, bei Prefsgaslicht
etwas unsicherer als bei Bogenlicht. Es mufs aber dahingestellt
bleiben, ob bei diesen vergleichenden Beobachtungen die Beleuchtung gleich intensiv war, da gleichzeitige Messungen der
Beleuchtungsstärke nicht ausgeführt wurden und aus den zu
anderen Zeiten angestellten Messungen hervorgeht, dafs die
Beleuchtung an denselben Beobachtungspunkten bei verschie-
dener Beleuchtungsquelle erheblich verschieden stark sein
konnte. Keinesfalls ist die Farbenunterscheidung bei Prefsgas so unbefriedigend, dafs man deshalb dem Gaslichte die
Berechtigung zur indirekten Beleuchtung von Hörsälen und
Zeichensälen absprechen könnte.

Der Gasbeleuchtung wurde ferner bei früheren Versuchen[1]
eine grofse Abnahme der Lichtstärke der Glühkörper nach
längerer Brenndauer vorgeworfen. Es sind deshalb auch nach
dieser Richtung eingehende photometrische Versuche nicht
nur in den Sälen sondern auch in der städtischen Gasanstalt
angestellt worden. Diese Messungen werden, da sie nur in
losem Zusammenhang mit den hier berichteten Versuchen
stehen, später ausführlich veröffentlicht. Nur auf einige Ver-
suchsresultate ist in folgendem hingewiesen.

[1] Münchener Medizin. Wochenschrift 1903, Nr. 42, S. 1820 u. ff.

Fig. 10.

Veränderung der Lichtstärke mit der Brenn-dauer der Glühkörper.

A. Mittlere Beleuchtung in den Sälen.

Halbzerstreutes Licht.
Glühkörper, Sorte A.

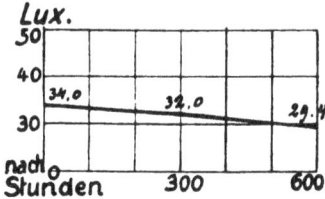

Zerstreutes Licht.
Glühkörper, Sorte B.

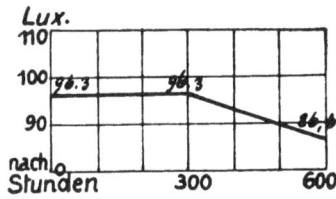

Gasverbrauch pro Stunde
für 8 Brenner: 1,0 cbm.

Gasverbrauch pro Stunde
für 52 Brenner: 5,69 cbm.

Abnahme der Lichtstärke:

Nach 300 Stunden	. 5,89 %	Nach 300 Stunden	. 0,0 %
» 600 »	. 13,53 »	» 600 »	. 10,07 »

B. Horizontale Lichtstärke am Photometer.

1. Glühkörper, Sorte A.
Mittel für 3 Glühkörper.

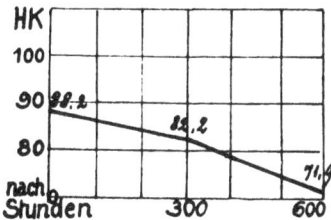

2. Glühkörper, Sorte B.
Mittel für 6 Glühkörper.

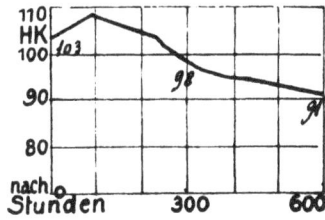

Gasverbrauch pro Stunde: 120 l.

Gasverbrauch pro Stunde: 120 l

Abnahme der Lichtstärke:

Nach 300 Stunden	. 6,80 %	Nach 300 Stunden	. 4,85 %
» 600 »	. 18,48 »	» 600 »	. 11,65 »

3. Selas-Glühkörper.
Mittel für 4 Glühkörper.

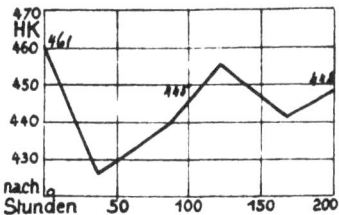

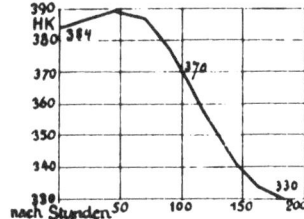

4. Millennium-Glühkörper.
Mittel für 4 Glühkörper.

Gasverbrauch pro Stunde: 360 l.

Gasverbrauch pro Stunde: 410

Abnahme der Lichtstärke:

Nach 100 Stunden	. 3,47 %	Nach 100 Stunden	. 3,64 %
» 200 »	. 2,82 »	» 182 »	. 14,06 »

Die Glühkörper zweier Sorten, welche schon vor den Versuchen in der erforderlichen Anzahl auf 300 und 600 Brennstunden gebracht wurden, ergaben bei ihrer Verwendung in den Versuchssälen, dafs die Beleuchtung des Saales nach 300 Brennstunden um 5,9 bzw. 0%, nach 600 Brennstunden um 13,5 bzw. 10% abgenommen hatte (Fig. 10 A). Es sind dies Abnahmen, welche praktisch um so mehr vernachlässigt werden können, als die Glühkörper in Lehranstalten selten länger als während 400 Brennstunden benutzt werden. Um jedoch der Lichtabnahme bei der späteren Berechnung der Beleuchtungskosten Rechnung zu tragen, wurden für alle Versuche mit gewöhnlichem Gasglühlicht Glühkörper von 300 Stunden Brenndauer verwendet. Die folgenden Messungen der Lichtabnahme am Photometer (Fig. 10 B 1 und 2) haben für die beiden Glühkörpersorten Werte ergeben, welche mit den vorangeführten ziemlich übereinstimmen.

Die Messungen, welche mit Prefsgas angestellt wurden (Fig. 10 B 3 und 4) haben gezeigt, dafs innerhalb 200 Brennstunden die Glühkörper der Selasbeleuchtung nur um 2,8% abgenommen haben, während die für das Millenniumlicht verwendeten nach 182 Stunden um 14% abgenommen haben. Ob letzteres Ergebnis auf eine schlechtere Qualität der Glühkörper oder auf den höheren Druck des Prefsgases zurückzuführen ist, mufs unentschieden bleiben. Immerhin ist auch noch eine Abnahme von 14% praktisch von keiner wesentlichen Bedeutung.

Wir sehen also aus den bisherigen Resultaten, dafs die Gasbeleuchtung imstande ist, den hohen Anforderungen, welche die zerstreute Beleuchtung hoher und grofser Säle an grofse Lichtstärken stellt, gerecht zu werden, und dafs sie in bezug auf Ruhe und Gleichmäfsigkeit des Lichtes, sowie hinsichtlich der Lichtverteilung dem gewöhnlichen Bogenlichte mindestens gleichsteht, der Beleuchtung mit umgekehrter Kohlenstellung aber entschieden überlegen ist.

Es war nun noch der Vergleich in zwei weiteren wichtigen Punkten anzustellen, nämlich bezüglich der Veränderung der Luftbeschaffenheit und bezüglich der Beleuchtungskosten.

Untersuchungen über die Veränderung der Luftbeschaffenheit.

Über die Veränderung der Luftbeschaffenheit durch die verschiedenen Beleuchtungseinrichtungen wurden 7 Doppelversuche angestellt, deren Hauptergebnisse in der Tabelle auf S. 42 zusammengestellt sind. Zu ihrer richtigen Beurteilung mögen die folgenden Bemerkungen dienen.

Der Hörsaal der Forstlichen Versuchsanstalt mit einer Bodenfläche von 12,75 × 8 = 102 qm und einer lichten Höhe von 3,8 m faßt rund 388 cbm. Er besitzt 10 Fenster, 2 an der Südwand, 4 an der Westwand und 4 an der Nordwand. Die Gesamtfläche dieser Fenster beträgt 2,25 × 1,25 × 10 = rund 28 qm, von denen rund 22 qm zur Lüftung geöffnet werden konnten. In der Ostwand befindet sich die 2,2 m hohe und 1,4 m breite Tür, die jedoch zur Durchlüftung nicht benutzt werden konnte. In der Ostwand befinden sich ferner 0,5 m unter der Decke und 3,8 m von der Süd- bzw. Nordwand entfernt die kreisrunden, durch Klappen schließbaren Öffnungen von zwei Ventilationsabzugsröhren mit je 0,049 qm Querschnitt. Zuluftkanäle sind nicht vorhanden. Der Saal ist durch einen Füllofen heizbar, seine Türen waren bei den Versuchen, die im ungeheizten Saale angestellt wurden, vollkommen geschlossen.

Der Zeichensaal der Technischen Hochschule faßt bei 20,8 m × 7,5 m = 156 qm Bodenfläche und 4,8 m lichter Höhe rund 749 cbm. Seine sechs Fenster sind gegen Osten gewendet. Ihre Gesamtfläche beträgt 3,2 × 1,6 × 6 = rund 30 qm. Davon ließen sich für die Lüftung der unteren Seite 2,3 × 1,6 × 6 = rund 22 qm öffnen. Der Sturz der Fenster befindet sich 0,8 m unter der Decke. In der Mitte der den Fenstern gegenüberliegenden Westwand befindet sich eine 2,5 m hohe und 1,6 m breite zu öffnende Flügeltür, welche auf einen breiten Korridor mit zahlreichen Fenstern in der Westwand führt, so daß ein sehr ausgiebiger, wenn auch nicht gleichmäßiger Durchzug des Saales veranstaltet werden konnte. In der Westwand des Saales befinden sich zwei durch Klappen verschließbare vergitterte Öffnungen, welche zu zwei Abzugskanälen führen, die im Dachraume enden. Diese Abzugsöffnungen haben 0,6 m Höhe und 0,45 m Breite und liegen mit ihrem oberen Rande 0,30 m unter der Saaldecke. Um die Leistung der Abzugskanäle zu erhöhen, wurde vor Beginn unserer Versuche über den vorhandenen Öffnungen knapp unter der Decke noch je eine zweite Öffnung von 0,25 m Höhe und 0,45 m Breite mit Klappe angebracht, so daß

nun jeder der beiden Abzugskanäle 0,27 qm + 0,11 qm = 0,38 qm
weit gegen den Saal geöffnet werden kann. Der seitliche Abstand
der Abzugskanäle von der Nord- bzw. Südwand beträgt 1,3 m. Zuluftkanäle besitzt auch dieser Saal nicht. An der Westwand des
Saales befinden sich drei Rippenrohrheizkörper der Niederdruck-
dampfheizung, die bei allen Versuchen schwach angewärmt waren.

Da die äußere Witterung, namentlich die Temperatur der Luft
und die Windbewegung von sehr großem Einflusse auf die Lüftung
der Wohnräume ist, wurde stets ein Versuch mit Gasglühlicht und
ein Versuch mit elektrischem Licht in unmittelbarer Aufeinander-
folge am selben Tage ausgeführt, um so viel als möglich gleicher
äußerer Bedingungen sicher zu sein. Völlig läßt sich dies natürlich nie erreichen. Beim Vergleiche der erhaltenen Ergebnisse muß
daher die Verschiedenheit der Witterung stets in Betracht gezogen
werden.

Die folgende Tabelle enthält die wichtigsten meteorologischen
Daten der Versuchstage nach den Aufzeichnungen der Kgl. Meteorologischen Zentralstation in München.

Tabelle über die meteorologischen Daten an den Versuchstagen.

Beobach-tungstag	Be-obach-tungs-stunde	Baro-meter-stand mm	Luft-tem-peratur ° C	Relative Feuch-tigkeit %	Wind-richtung und Stärke	Bemerkungen
14. II. 04	2 Uhr	700,9	+11,3	39	S 2	Um 7 Uhr 55 Min. plötz-
14. II. 04	9 »	703,2	+ 0,9	94	W 4	lich heftiger Westwind u.gewitterartiger Regen
21. II. 04	2 Uhr	717,3	+ 8,6	61	SW 4	
21. II. 04	9 »	717,9	+ 5,8	74	SW 4	
26. II. 04	7 Uhr	717,4	− 5,1	89	—	
26. II. 04	2 »	716,9	− 1,9	62	NW 1	
26. II. 04	9 »	716,8	− 4,1	77	—	
28. II. 04	2 Uhr	715,2	− 3,8	79	NE 1	
28. II. 04	9 »	714,1	− 3,3	79	NE 2	
5. III. 04	2 Uhr	713,0	+ 1,5	82	NE 1	
5. III. 04	9 »	712,9	+ 0,7	87	E 1	
6. III. 04	2 Uhr	713,0	+ 3,9	73	NE 1	
6. III. 04	9 »	713,7	+ 0,5	94	SW 1	

Im allgemeinen war die Witterung den Versuchen günstig, da
die Temperaturen sich in engen Grenzen um 0° bewegten und die

Luft mit Ausnahme des Gewittersturmes am Abend des 14. Februar wenig bewegt war. Die Temperaturverhältnisse waren am 26. und 28. Februar der natürlichen Ventilation viel günstiger als an den anderen Tagen mit ihrer verhältnismäfsig hohen Luftwärme.

Alle Beobachtungen und Luftprobenentnahmen geschahen stets an denselben Orten der Säle in der Kopfhöhe von Sitzenden. In der Forstlichen Versuchsanstalt befanden sich die fünf Beobachtungsstellen nahe den vier Ecken und in der Mitte des Saales; im Zeichensaale die sechs Beobachtungsstellen der Längsmittelachse entlang. Temperatur und Feuchtigkeit wurden mit Hilfe von Psychrometern bestimmt; die Kohlensäure nach der Flaschenmethode von Pettenkofer mit der kleinen von Gruber[1]) angegebenen Modifikation, dafs das durch Baryumkarbonat getrübte Barytwasser sogleich nach vollendeter Absorption der Kohlensäure unmittelbar aus der Flasche durch ein kleines Filterchen in die Pipette aufgesaugt wird. Zur Kontrolle wurde die Kohlensäure stets auch noch nach Pettersson-Palmquist bestimmt. Auf künstliche Mischung der Luft vor der Probeentnahme wurde verzichtet, da die Verhältnisse so wenig als möglich gestört werden sollten, wie sie sich von selbst entwickelt hatten. Gelegentlich wurden auch Beobachtungen über Wärmestrahlung mit dem Vakuumthermometer angestellt. Sie sind hier nicht angeführt, da sie nichts weiter ergaben, als dafs die Wirkung der Wärmestrahlung der Lichtquellen in allen Fällen höchst unbedeutend war, was sich aus der grofsen Entfernung der Beleuchtungskörper von den Arbeitstischen und aus der Abhaltung der direkten Wärmestrahlen durch die Reflektoren erklärt.

Die einzelnen Versuchsperioden betrugen je zwei Stunden. Vor Beginn jeder Versuchsperiode wurde stets ausgiebig gelüftet. Während die Durchlüftung noch in vollem Gange war, wurden die erforderlichen Manipulationen an den Beleuchtungseinrichtungen vorgenommen und die Beleuchtung in Gang gesetzt. Erst nachdem alles fertig war und die überflüssigen Personen den Raum verlassen hatten, wurden die Fenster geschlossen und die Vorhänge herabgelassen. Von vier Beobachtern wurden dann bei den ersten fünf Versuchen sofort, bei den beiden letzten Versuchen nach Ablauf einer Viertelstunde, während deren der Saal sich selbst überlassen geblieben war, die Beobachtungen an den Gas- und Strommessern und an den Psychrometern angestellt und die Luftproben für die Kohlensäurebestimmung entnommen.

---

[1]) M. Teich, Archiv f. Hygiene, 18. Bd., S. 38.

Diese Viertelstunde wurde bei den letzten Versuchen deshalb zwischen Fensterschlufs und erste Beobachtung eingeschaltet, weil sich gezeigt hatte, dafs so viel Zeit erforderlich war, um die Temperatur, die Feuchtigkeit und den Kohlensäuregehalt der Luft in allen Teilen des grofsen Zeichensaales so weit auszugleichen, dafs daraus brauchbare Mittel berechnet werden können. Übrigens reagieren auch die feuchten Thermometer der Psychrometer ziemlich träge. Die Unsicherheit der Mittel ist auch der Grund, warum bei den ersten Versuchen das Spannungsdefizit und die relative Feuchtigkeit am Beginn der Versuchsperioden in der Haupttabelle nicht angegeben sind.

Genau zwei Stunden nach der Entnahme der ersten Proben wurde der Saal von den vier Beobachtern wieder betreten, um die Schlufsablesungen und Probenentnahmen zu besorgen.

Um sicherzustellen, dafs an den Tagen, an welchen die Luftuntersuchungen vorgenommen wurden, dieselbe Lichterzeugung stattfand wie an den Tagen der genauen Messung der Beleuchtung, wurde bei jedem Versuche der Gasdruck und Gasverbrauch bzw. der Stromverbrauch gemessen.

Die betreffenden Daten sind in der folgenden Tabelle (S. 43) zusammengestellt.

Aufserdem hat Herr Dr. S c h n e i d e r jedesmal am Schlusse der Versuche stichprobenweise Messungen der Beleuchtung vorgenommen.

Die Zusammenstellung der Hauptergebnisse der hygienischen Untersuchungen (S. 44) lehrt, dafs die Feuchtigkeit der Luft nichts Bemerkenswertes darbot. Das Sättigungsdefizit und die relative Feuchtigkeit sind im wesentlichen durch die Höhe der Temperatur bestimmt. Die Wasserdampferzeugung bei der Gasbeleuchtung hat sich in keinem Falle unangenehm bemerklich gemacht. Der Feuchtigkeitszustand der Luft war in allen Fällen günstig. Nur beim Versuche am 14. Februar konnte man zweifeln, ob nicht die Luft mit 12,17 mm Spannungsdefizit unangenehm austrocknend gewirkt haben würde.

Was den Kohlensäuregehalt betrifft, so treten auch bei diesen Versuchen die hohen Tugenden des elektrischen Bogenlichtes klar hervor. Es verändert die Beschaffenheit der Luft nicht merklich. Der treffliche Eindruck, den die Luft in

Tabelle über Gasverbrauch, Gasdruck und Stromverbrauch während der hygienischen Versuche.

Versuchsdaten	Gas-verbrauch l pro Std.	Gas-druck mm	Strom-verbrauch bei 110 Volt Spannung HW-Std.
14. II. 04			
Selas	3547,5	850	—
Gasglühlicht B .	6045	40	—
21. II. 04			
Körting-Mathiesen	—	—	20,57
Selas	3546,8	850	--
26. II. 04			
Gasglühlicht A .	922,5	40	—
Gew. Schuckert .	—	—	6,80
Gasglühlicht A .	825,6	40	—
Gew. Schuckert .	—	—	6,80
28. II. 04			
Gasglühlicht B .	5972,5	40	—
Selas . , . .	3793,2	850	—
5. III. 04			
Invertierte Schu-ckert	—	—	22,98
Millennium . .	3758	1510	—
6. III. 04.			
Gew. Schuckert .	—	—	21,45
Millennium . .	3737	1510	—

allen Fällen der Beleuchtung mit Bogenlicht am Schlusse der Versuche auf die Sinne machte, wurde durch die unbedeu-tende Veränderung des Kohlensäuregehaltes bestätigt.

In nicht ventilierten Sälen steht ihm in dieser Hin-sicht das Gasglühlicht auch in seinen neuesten besten Formen erheblich nach. Wenn gar keine Vorrichtung zur Verbesse-rung der natürlichen Ventilation funktionierte, gab sich die Verschlechterung der Luftbeschaffenheit beim Eintritt in den Saal sofort dem Geruchsinne kund. Ebenso wie der Kohlen-

Ergebnisse der hygienischen Untersuchungen über die Luftbeschaffenheit.

Tag	Art der Beleuchtung	Benutzung der Ventilations-Kanäle	Temperatur °C			Kohlensäure ‰			Spannungsdefizit des Wasserdampfes mm			Relative Feuchtigkeit		
			An-fang	Ende	Verän-derung	An-fang	Ende	Verän-derung	An-fang	Ende	Verän-derung	An-fang	Ende	Verän-derung
A. Hörsaal der Forstlichen Versuchsanstalt.														
26. II. 7–9 h vorm.	Gasglühlicht	Nein	2,5	10,4	+7,9	0,53	1,865	+1,335	—	4,48	—	—	52,4	—
	Bogenlicht	Nein	2,9	9,6	+6,7	0,64	0,93	+0,29	—	4,99	—	—	44,1	—
26. II. 4–8 h nachm.	Gasglühlicht	Ja	2,3	9,5	+7,2	0,57	1,02	+0,46	—	4,98	—	—	43,9	—
	Bogenlicht	Ja	2,2	8,4	+6,2	0,44	0,52	+0,08	—	4,73	—	—	42,6	—
B. Zeichensaal der Technischen Hochschule.														
14. II. 2–9 h nachm.	Prüfgasglühlicht (Selas)	Nein	15,0	19,3	+4,3	0,68	2,91	+2,23	—	9,49	—	—	43,0	—
	Gasglühlicht	Nein	13,9	22,4	+8,5	0,69	2,61	+1,92	—	12,17	—	—	39,6	—
28. II. 2–9 h nachm.	Gasglühlicht	Ja	2,8	14,2	+11,4	0,64	0,85	+0,21	—	7,39	—	—	38,7	—
	Prüfgasglühlicht (Selas)	Ja	4,9	13,65	+8,75	0,69	0,77	+0,08	—	7,41	—	—	36,4	—
21. II. 2–8 h nachm.	Bogenlicht	Nein	12,8	16,4	+3,6	0,56	0,73	+0,18	—	7,29	—	—	47,5	—
	Prüfgasglühlicht (Selas)	Ja	13,2	18,7	+5,5	0,59	1,37	+0,78	—	8,69	—	—	45,9	—
5. III. 2–8 h nachm.	Bogenlicht¹)	Ja	9,4	15,5	+6,1	0,76	1,93	+1,17	3,88	6,11	+2,23	56,0	53,4	− 2,6
	Prüfgasglühlicht¹) (Millennium)	Ja	11,3	17,75	+6,45	0,775	1,69	+0,915	4,70	7,35	+2,65	53,0	51,4	− 1,6
6. III. 2–8 h nachm.	Bogenlicht²) (Millennium)	Ja	11,4	13,5	+2,1	0,63	0,70	+0,07	5,08	6,04	+0,96	49,5	47,6	− 1,9
	Prüfgasglühlicht²) (Millennium)	Ja	12,5	15,8	+3,3	0,69	0,68	− 0,01	5,74	7,54	+1,80	46,9	43,6	− 3,2

¹) Saal besetzt mit 51 Mann Soldaten.

²) Saal unbesetzt.

säuregehalt war auch die Temperatur im Vergleiche mit den Bogenlichtversuchen merklich höher.

Dagegen haben die Versuche gelehrt, dafs die Konkurrenzfähigkeit des Gasglühlichtes gegenüber dem elektrischen Lichte schon durch primitive Lüftungsvorrichtungen in ganz unerwartetem Mafse gesteigert werden kann.

So klein die Ventilationsöffnungen im Hörsaale der Forstlichen Versuchsanstalt sind und so wenig rationell ihre Lage ist, so bewirkte ihre Öffnung doch (vergl. 1. u. 3. Versuch am 26. Februar), dafs die Luftverunreinigung etwa auf ein Drittel herabsank.

Noch viel günstiger wirkten, ihrer richtigen Lage entsprechend, die Lüftungseinrichtungen im Zeichensaale. Man vergleiche in dieser Beziehung den Versuch mit Selaslicht bei geschlossenen Ventilationsklappen am 14. Februar mit jenen bei offenen Klappen am 21. und am 28. Februar.

Was eine solche bescheidene und billige Einrichtung wie ein Abluftkanal bei halbwegs günstiger Witterung zu leisten vermag, das zeigen die Versuche am 5. und 6. März. An diesen beiden Tagen sind die Unterschiede in den Temperaturzuwächsen zwischen Bogenlicht und Glühlicht so gering, dafs sie als hygienisch bedeutungslos bezeichnet werden dürfen. Infolge der rascheren Luftbewegung in den stärker geheizten Abluftkanälen sind die Endkohlensäuregehalte der Glühlichtperioden sogar ein wenig kleiner. Die ganzen ungeheueren Kohlensäure- und Wärmemengen, welche in den Gaslampen erzeugt wurden, wurden somit fast spurlos abgeführt. Man bedenke, dafs z. B. am 6. März binnen 2 Stunden in den Millenniumbrennern $3756 \times 2 = 7512$ l Leuchtgas verbrannt wurden. Nimmt man an, dafs das Leuchtgas bei seiner Verbrennung rund $2/3$ seines Volumens Kohlendioxyd von gleicher Temperatur liefert, so ergäbe dies eine Kohlensäureerzeugung von 5000 l! Es mufs jedoch betont werden, dafs zu dem günstigen Ergebnisse der minimalen Verunreinigung der Luft durch die Verbrennungsprodukte jedenfalls die Stellung der Lampen bei der indirekten Beleuchtung, hoch, nahe an der Decke, in bedeutendem Mafse beiträgt. Die ganze Wärmemenge wird in den höchsten Luftschichten des Raumes erzeugt, bleibt zum gröfsten Teile oben und wird mit den Verbrennungsprodukten auf kürzestem Wege durch die an der Decke befindlichen Ventilationsöffnungen abgeführt. Eine Mischung der heifsen, verunreinigten Luft mit der kühleren, reineren Luft in den tieferen Teilen des Saales findet offenbar fast gar nicht statt. Man mufs sich daher wohl hüten, die hier bei indirekter Gasglühlichtbeleuchtung erhaltenen günstigen Ergebnisse ohne weiteres zu verallgemeinern. Bei tieferer Stellung der Lampen bzw. bei unzweckmäfsigerer Lage der Ventilationsöffnungen würden die Befunde sofort ungünstiger werden. Wie sehr es auf die Lage der Kohlensäurequellen im Raume ankommt, zeigt die bedeutende Verschlechterung der Luft durch die Soldaten am 5. März, obwohl sie nicht mehr als etwa 2,3 cbm CO_2 erzeugten. Übrigens gab dieser Versuch mit den Soldaten ein anderes beachtenswertes Resultat: der Zuwachs im Kohlensäuregehalte der Luft war bei Millenniumlicht etwas kleiner als bei Bogenlicht. Es kann also keine Rede davon sein, dafs Gasglühlichtbeleuchtung von stark besetzten Sälen aus hygienischen Gründen unbedingt verworfen werden müsse. Auch hier wirkt die stärkere Heizung der Abluftkanäle günstig.

Allerdings darf nicht unerwähnt bleiben, in wie hohem Mafse die grofsen Brenner Selas und Millennium den gewöhnlichen Glühlichtbrennern für Intensivbeleuchtung überlegen sind. (Vgl. Vers. am 14. und am 28. Februar.)

Das Ergebnis der hygienischen Versuche lautet somit:

»Ein hygienisches Bedenken gegen die Verwendung von Gasglühlicht zur Intensivbeleuchtung von Zeichensälen und dergleichen Räumen auf indirektem Wege liegt durchaus nicht vor, falls die Beleuchtungskörper nahe der Decke angebracht sind und für zweckmäfsigen Abzug der Verbrennungsprodukte gesorgt wird.«

Die erste der hier gemachten Voraussetzungen ist bei der Beleuchtung mit zerstreutem und halbzerstreutem Licht von selbst erfüllt; die zweite aber ist, wie die Versuche gezeigt haben, sehr leicht zu erfüllen.

Für die Praxis handelt es sich wohl in allen Fällen um
Säle, welche mit Menschen besetzt sind. Gerade in diesem
Falle haben aber die Versuche gezeigt, daſs gegen die Gasbeleuchtung nicht nur keine Bedenken hygienischer Art be-
stehen, sondern daſs dieselbe — wenn richtig installiert —
der elektrischen Beleuchtung in hygienischer Beziehung nicht
nachsteht, ja sogar den Vorzug besitzt, auch zur Abführung
der von den Menschen ausgehenden Luftverschlechterung
etwas beizutragen.

Wenn somit feststeht, daſs die Gasbeleuchtung, speziell
in ihren neueren Formen als Preſsgas sehr wohl geeignet ist,
bei der zerstreuten Beleuchtung von Schul- und Zeichensälen,
selbst bei sehr hohen Anforderungen mit dem elektrischen
Bogenlicht zu konkurrieren, so tritt hierzu noch als weiteres
Moment der Kostenpunkt, über welchen die folgenden Tabellen der Kosten der Beleuchtung Aufschluſs geben. Für
die Berechnung der Kosten dienten die folgenden Unterlagen.

Unterlagen für Berechnung der Kosten.

Preise für die Energie: Gas pro 1 cbm 20 Pf.[1]); elektrischer Strom pro 1 HW-Stunde 6 Pf.

Da der Strombedarf zum Antrieb der Elektromotoren für die Preßgasbeleuchtung in München zum gleichen Preise wie für Beleuchtungszwecke berechnet wird, so ist auch dieser mit 6 Pf. angesetzt.

Energieverbrauch: Um einen Vergleich zu ermöglichen, ist der durch Versuch nachgewiesene Energieverbrauch auf die durchschnittliche Beleuchtung von 25 Lux im Hörsaal und 80 Lux im Zeichensaal proportional berechnet. Für die Selas-Beleuchtung ist aus den drei Versuchen das Mittel gezogen.

Zahl der Brennstunden: Gemäß Auszug aus den Büchern der städtischen Gasanstalt München betrug der Gasverbrauch in neun Schulgebäuden mit zusammen 1574 Gasglühlichtflammen 51844 cbm, also pro Flamme im Jahre 33 cbm. Nimmt man den Stundenverbrauch einer Flamme zu 0,12 cbm an, so ergeben sich 275 Brennstunden im Jahr. Für die Zeichensäle der Technischen Hochschule sind 332 Brennstunden für 1903/04 nachgewiesen.

Demgemäß sind für den Hörsaal 275, für den Zeichensaal 332 Brennstunden zugrunde gelegt.

Glühkörperverbrauch:

1. Für gewöhnliches Gasglühlicht: Gemäß Auszug aus den Büchern der städtischen Gasanstalt im Durchschnitt für neun Schulgebäude pro Flamme und Jahr 0,7 Stück. Der Bezugspreis ist zu 50 Pf. angenommen.

2. Für Preßgasbeleuchtung: Auf Grund der Versuche über die Haltbarkeit der Glühkörper und der Garantien der Firmen kann die Brenndauer zu 200 Brennstunden angenommen werden. Demnach sind pro Flamme und Jahr für den Versuchs-Zeichensaal erforderlich $\frac{332}{200} = 1,66$ Glühkörper. Bezugspreis 60 Pf.

Zylinderverbrauch. Bei der Straßenbeleuchtung in München werden im Jahre auf 5,5 Glühkörper drei Zylinder verbraucht. Das gleiche Verhältnis ergibt auf 0,7 Glühkörper 0,4 Zylinder pro Flamme und Jahr. Bezugspreis 30 Pf. Die Preßgasbeleuchtung benötigt keine Zylinder.

---

[1]) In München beträgt der Gaspreis pro cbm allerdings nicht 20 sondern 23 Pf. Dieser Preis überschreitet aber um so viel den in den anderen deutschen Städten üblichen, daß wir uns nicht entschließen konnten, ihn einzusetzen.

Kohlenstifteverbrauch für die elektrischen Bogenlampen
(Angaben der Siemens-Schuckertwerke).

Beleuchtung	Kohle	Durch-messer mm	Abbrand pro Std. mm	Rest [1) mm	Summe für 3 Lampen m	Preis pro Meter Pf.	Kosten für 3 Lampen pro Std. Pf.	Summe für 3 Lampen pro Std. Pf.
Halbzerstreut 3 Zweischaltlampen 6 Amp.	+	14	14,6	3,34	0,054	44	2,4	3,5
	—	10	13,8	3,34	0,051	21	1,1	
Halbzerstreut 3 Dreischaltlampen 6 Amp.	+	13	16,8	3,34	0,06	31	1,9	3,0
	—	9	16,5	3,34	0,06	18	1,1	
Zerstreut auf·rechter Lichtbogen 3 Lampen à 12 Amp.	+	20	15,0	3,34	0,055	70	3,9	5,6
	—	14	15,3	3,34	0,056	30	1,7	
Zerstreut umge·kehrter Lichtbogen 3 Lampen à 12 Amp. Siemens-Schuckert	+	15	21,3	3,34	0,074	39	2,9	4,9
	—	17	11,0	3,34	0,043	46	2,0	

Energieverbrauch für die Motoren der Prefsgasbeleuchtung.
Versuchsergebnisse.

Beleuchtung	Tourenzahl		Energieverbrauch			Druck des Prefs-gases mm	Gasmenge cbm	
	Elektro-motor	Kom-pressor	Volt	Amp.	Watt		maximal gefördert pro Stde.	wirklich verbraucht pro Stde.
Selas . . .	420	107	128,0	3,11	398	850	10,62	3,618
Millennium .	2700	380	127,5	4,83	616	1475	11,64	3,729

Der Wirkungsgrad der Elektromotoren wurde nicht besonders bestimmt.

[1) Pro Kohle 40 mm, demnach bei zwölfstünd. Lampen $\frac{40}{12} = 3,34$ mm.

Diese Zahl wurde den Berechnungen der Betriebskosten zugrunde gelegt, obwohl die Kohlen selten bis auf das zulässige Minimum ausgenutzt werden können, um Beleuchtungspausen nach kurzer Brennzeit zu vermeiden.

Der Kostenberechnung wurde derjenige Energieverbrauch zugrunde gelegt, welcher sich ergibt, wenn man die gemessene Wattzahl mit dem Verhältnis der wirklich verbrauchten Gasmenge zu der maximal geförderten Gasmenge multipliziert, also

für Selas: $398 \times \dfrac{3,618}{10,62} = 135$ Watt,

für Millennium: $616 \times \dfrac{3,729}{11,64} = 198$ Watt.

Bedienungskosten. Es ist angenommen, daß in den Schulen und Bildungsanstalten an und für sich ein Mann vorhanden sein muß, welcher neben anderen Arbeiten, wie Wartung der Heizanlagen u. dgl., auch die Beleuchtungsanlage zu bedienen hat. Der Arbeitsaufwand wird für Gas- wie für elektrische Beleuchtung annähernd der gleiche sein, so daß Mehrkosten in einem oder andern Falle nicht erwachsen.

Verbrauchsmessermiete. Gemäß den nachstehend für die Einrichtungskosten zugrunde gelegten Kostenanschlägen ist für die halbzerstreute Beleuchtung von 24 Sälen zu je 100 qm Bodenfläche ein Gasmesser zu 150 Flammen erforderlich, für welchen die Miete jährlich mit M. 30, also für einen Saal mit M. $\dfrac{30}{24} =$ M. 1,25 angesetzt ist. Entsprechend ist für die elektrische Beleuchtung ein Elektrizitätsmesser für 25 KW erforderlich, dessen Miete jährlich M. 42, also für einen Saal M. $\dfrac{42}{24} =$ M. 2,62 beträgt.

Für die zerstreute Beleuchtung von 16 Sälen mit je 150 qm Bodenfläche ist ein Gasmesser von 300 Flammen erforderlich, dessen Miete M. 60 pro Jahr, also für einen Saal M. $\dfrac{60}{16} =$ M. 3,75 beträgt. Im Kostenanschlage für die elektrische Beleuchtung der gleichen Säle ist ein Elektrizitätsmesser von 40 KW vorgesehen, für welchen die Jahresmiete M. 60 beträgt, so daß für einen Saal gleichfalls M. 3,75 entfallen.

Mehrkosten für Deckenanstrich. Es ist angenommen, daß bei zerstreutem Licht der Deckenanstrich bei Gasbeleuchtung alle zwei Jahre, bei der elektrischen Beleuchtung alle drei Jahre erneuert werden muß. Demnach ist bei Gas die Decke in 6 Jahren einmal öfter zu weißen. Bei einer Deckenfläche von 150 qm und einem Preise von 40 Pf. für 1 qm betragen sonach die jährlichen Mehrkosten bei der Gasbeleuchtung für einen Saal $\dfrac{1}{6} \times 150 \times 0{,}40$ = M. 10.

Abschreibung und Verzinsung.

1. Einrichtungskosten.

Die Einrichtungskosten sind ermittelt nach Kostenanschlägen für ein angenommenes Gebäude, bestehend aus:

a) Parterre und 1. Stock mit je 12, zusammen 24 Sälen von je 100 qm: für halbzerstreutes Licht, 25 Lux Helligkeit;

b) Parterre und 1. Stock mit je 8, zusammen 16 Sälen von je 150 qm: für zerstreutes Licht 80 Lux Helligkeit.

Bestandteil der Einrichtung	Gas-beleucht. halbzerstr.		Elektrische Beleucht. halbzerstr.		Gas-[1] beleucht. zerstreut		Prefsgas-[1] beleucht. zerstreut		Elektrische Beleucht. zerstreut	
	pro Ge-bäude	pro Saal	pro Ge-bäude	pro Saal	pro Ge-bäude	pro Saal	pro Ge-bäude	pro Saal	pro Ge-bäude	pro Saal
	M.	M.	M.	M.	M.	M.	M.	M.	M.	M.
1. Zuleitung	236	—	275	—	294	—	243	—	217	—
2. Innenltg.	1539	64	2450	102	2844	178	1778	111	1967	123
3. Maschin.	—	—	—	—	—	—	4475	280	—	—
4. Lampen	1668	69	3940	164	7680	480	4320	270	3081	193
Summe	3443	133	6665	266	10818	658	10816	661	5265	316

2. Abschreibung und Verzinsung pro Saal und Jahr.

Als Abschreibungssätze sind für Leitungen 4%, für Maschinen und Lampen 8% angenommen. Die Zuleitung ist, weil nicht zur nneneinrichtung gehörig und weil oft gratis ausgeführt, nicht ein-bezogen. Die Verzinsung ist zu 4% angesetzt.

Satz für Abschreibung und Verzinsung	Gas-beleucht. halb-zerstreut	Elektr. Beleucht. halb-zerstreut	Gas-beleuch-tung zerstreut	Prefsgas-beleuch-tung zerstreut	Elektr. Beleuch-tung zerstreut
Abschreibung:					
Innenleitung 4% . .	2,56	4,08	7,12	4,44	4,92
Maschin. u. Lamp. 8%	5,52	13,12	38,40	44,00	15,44
Verzinsung 4% . . .	5,32	10,64	26,32	26,44	12,64
Summe	13,40	27,84	71,84	74,88	33,00

---

[1] Die Metallschläuche wurden in die Berechnung nicht ein-bezogen unter der Annahme, dafs sie in der Praxis doch keine Anwendung finden würden. (Vergl. S. 8).

Kosten der Beleuchtung.

I. Energiekosten.

Beleuchtungsart	Helligkeit Lux	Datum und Ort des Versuchs	Energieverbrauch für einen Saal pro Stunde	Kosten pro Stunde Pf.	Zahl der Brennstunden pro Jahr	Energiekosten pro Jahr M.	Verhältnis der Kosten
Gasglühlicht halbzerstreut, Hörsaal 100 qm Bodenfläche, 8 Flammen	25	Forstl. Vers.-Anst. 25. II.	0,843 cbm	16,86	275	46,37	1,00
Elektrisches Bogenlicht halbzerstreut, Dreischaltlampen, Hörsaal 100 qm Bodenfläche, 3 Lampen	25	Forstl. Vers.-Anst. 25. II.	5,68 HW	34,08	275	93,72	2,02
Elektrisches Bogenlicht halbzerstreut, Zweischaltlampen, Hörsaal 100 qm Bodenfläche, 3 Lampen	25	Forstl. Vers.-Anst. 26. II	8,61 HW	51,66	275	142,07	3,06
Gasglühlicht zerstreut, Zeichensaal 150 qm Bodenfläche, 47 Flammen	80	Techn. Hochsch. 20. III.	5,196 cbm	103,92	332	345,01	1,44
Selaslicht zerstreut, Zeichensaal 150 qm Bodenfläche, 10 Flammen	80	Techn. Hochsch. 3. II, 22. II, 27. II.	3,618 cbm	72,36	332	240,24	1,00
Millenniumlicht zerstreut, Zeichensaal 150 qm Bodenfläche, 8 Flammen	80	Techn. Hochsch. 12. III.	3,729 cbm	74,58	332	247,61	1,03
Elektrisches Bogenlicht zerstreut, normale Kohlenstellung (Schuckert), Zeichensaal 150 qm Bodenfläche, 3 Lampen	80	Techn. Hochsch. 22. II.	27,05 HW	162,30	332	538,84	2,24
Elektrisches Bogenlicht zerstreut, umgekehrte Kohlenstellung (Schuckert), Zeichensaal 150 qm Bodenfläche, 3 Lampen	80	Techn. Hochsch. 12. III.	18,23 HW	109,38	332	363,14	1,51
Elektrisches Bogenlicht zerstreut, umgekehrte Kohlenstellung (Körting), Zeichensaal 150 qm Bodenfläche, 3 Lampen	80	Techn. Hochsch. 20. II.	16,90 HW	101,40	339	386,65	1,40

II. Gesamtkosten.

Beleuchtungsart	Energiekosten pro Jahr (M.)	Nebenkosten	Abschreibung und Verzinsung	Gesamtkosten pro Jahr (M.)	Gesamtkosten pro Brennstd. (Pf.)	Verhältnis der Kosten
Gasglühlicht halbzerstreut, Hörsaal 100 qm Bodenfläche, 8 Flammen	46,37	8 × 0,7 Glühkörper à 50 Pf. . . M. 2,80; 8 × 0,4 Zylinder à 30 Pf. . . • 0,96; Gasmessermiete . . . . . • 1,25; Summa M. 5,01	13,40	64,78	23,56	1,00
Elektrisches Bogenlicht halbzerstreut, Dreischaltlampen, Hörsaal 100 qm Bodenfläche, 3 Lampen	93,72	Kohlenstifte 275 × 3 Pf. . . M. 8,25; El. Messermiete . . . . . • 2,62; Summa M. 10,87	27,84	132,43	48,16	2,04
Elektrisches Bogenlicht halbzerstreut, Zweischaltlampen, Hörsaal 100 qm Bodenfläche, 3 Lampen	142,07	Kohlenstifte 275 × 3,5 Pf. . . M. 9,63; El. Messermiete . . . . . • 2,62; Summa M. 12,25	27,84	182,16	66,24	2,81
Gasglühlicht zerstreut, Zeichensaal 150 qm Bodenfläche, 47 Flammen	345,01	47 × 0,7 Glühkörper à 60 Pf. . M. 16,45; 47 × 0,4 Zylinder à 20 Pf. . • 3,64; Gasmessermiete . . . . . • 3,75; Anstrich der Decke . . . . • 10,00; Summa M. 33,84	71,84	452,69	136,35	1,24
Selaslicht zerstreut, Zeichensaal 150 qm Bodenfläche, 10 Flammen	240,24	10 × 1,66 Glühkörper à 60 Pf. . M. 9,96; Motor: 1,35 × 332 × 6 Pf. . . • 26,89; Gasmessermiete . . . . . • 3,75; Anstrich der Decke . . . . • 10,00; Summa M. 50,60	74,88	365,72	110,16	1,00
Millenniumlicht zerstreut, Zeichensaal 150 qm Bodenfläche, 8 Flammen	247,61	8 × 1,66 Glühkörper à 60 Pf. . M. 7,97; Motor: 1,98 × 332 × 6 Pf. . . • 39,44; Gasmessermiete . . . . . • 3,75; Anstrich der Decke . . . . • 10,00; Summa M. 61,16	74,88	383,65	115,56	1,05
Elektrisches Bogenlicht zerstreut, normale Kohlenstellung (Schuckert), Zeichensaal 150 qm Bodenfläche, 3 Lampen	538,84	Kohlenstifte 332 × 5,6 Pf. . . M. 18,59; El. Messermiete . . . . . • 3,75; Summa M. 22,34	33,00	594,18	178,97	1,62
Elektrisches Bogenlicht zerstreut, umgekehrte Kohlenstellung (Schuckert), Zeichensaal 150 qm Bodenfläche, 3 Lampen	363,14	Kohlenstifte 332 × 4,9 Pf. . . M. 16,27; El. Messermiete . . . . . • 3,75; Summa M. 20,02	33,00	416,16	125,35	1,14
Elektrisches Bogenlicht zerstreut, umgekehrte Kohlenstellung (Körting), Zeichensaal 150 qm Bodenfläche, 3 Lampen	386,65	wie vorstehend . . . . . . M. 20,02	33,00	389,67	117,37	1,06

Von den Tabellen der Kosten der Beleuchtung auf S. 52 und 53 gibt die eine die Energiekosten an, wie sie aus den Versuchszahlen unter Annahme eines Gaspreises von 20 Pf. und eines Strompreises von 6 Pf. für die HW-Stunde sich berechnen.

Bei der halbzerstreuten Beleuchtung kommt das elektrische Bogenlicht mit Zweischaltlampen, welche wohl allein in Frage kommen, dreimal so teuer als die Gasbeleuchtung mit einfachem Gasglühlicht. Unter den Umständen, wie sie im Zeichensaale vorlagen, verschiebt sich das Verhältnis etwas mehr zugunsten der elektrischen Beleuchtung. Hier verhält sich das normale Bogenlicht zur Prefsgasbeleuchtung wie 2,24 zu 1.

Zieht man auch die Nebenkosten in Betracht, welche natürlich hier nur für ganz bestimmte Voraussetzungen ermittelt bzw. angenommen sind, so sieht man, dafs die Unterschiede geringer werden. Es hängt dies mit der relativ geringen Brennstundenzahl zusammen, welche die Beleuchtung in Lehrinstituten im allgemeinen aufweist, und bewirkt, dafs die Energiekosten gegenüber den Nebenkosten mehr zurücktreten.

Immerhin stellt sich auch hier das Verhältnis der normalen Bogenlichtbeleuchtung zur Prefsgasbeleuchtung wie 1,6 zu 1 bei zerstreutem Lichte, bei halbzerstreutem hingegen die Zweischaltlampe zum Gasglühlicht wie 2,8 zu 1.

Es darf nicht vergessen werden, dafs diese beiden Fälle Extreme darstellen und dafs die meisten praktischen Fälle sich innerhalb derselben bewegen werden.

Zusammenfassung der Versuchsergebnisse.

1. Beleuchtungsstärke. Die Versuchskommission ging von der Annahme aus, daſs in Zeichensälen eine Helligkeit an den Arbeitsstellen von 80 Lux, in Schul- und Hörsälen eine solche von 25 Lux (beides in Weiſs gemessen) erforderlich sei.

Diese Beleuchtungsstärken wurden mit den geprüften Beleuchtungsvorrichtungen, soweit sie zum Zwecke der Versuche neu eingerichtet wurden, im Mittel aller Meſspunkte auch tatsächlich erreicht. Die angewandten Systeme wären sämtlich imstande, auch noch gröſsere Beleuchtungsstärken zu liefern.

2. Lichtverteilung. Bei Anwendung der halbzerstreuten Beleuchtung war in unseren Versuchen die Lichtverteilung bei Gasbeleuchtung gleichmäſsiger als bei der elektrischen. Dies ist begründet in der gröſseren Zahl der Lichtquellen.

Bei der halbzerstreuten Beleuchtung des Hörsaales machte sich sowohl bei Gas- wie bei elektrischer Beleuchtung in den auf den höheren Teilen des Podiums gelegenen Bänken Blendung durch die Lichtquellen unangenehm bemerkbar. Es ist dies darauf zurückzuführen, daſs die Gaslampen sich nur 1,36 m, die Bogenlampen 1,74 m über dem Niveau der Pultplatte der höchstgelegenen Bank befanden.

Bei der zerstreuten Beleuchtung im Zeichensaale war der Unterschied in der Lichtverteilung zwischen Gas und elektrischer Beleuchtung mit normalstehenden Kohlen gering. Bei umgekehrter Kohlenstellung hingegen trat bei der elektrischen Beleuchtung eine gröſsere Ungleichheit der Beleuchtung auf, welche von dem geringen Durchmesser des Lichtkreises herrührt, der von der unteren Kohle direkt zur Decke geworfen wird.

3. Schwankungen in der Lichtstärke. Bei beiden Beleuchtungsarten traten keine plötzlichen Schwankungen in der Beleuchtungsstärke auf, welche photometrisch mefsbar gewesen wären. Ein kurzes Zucken der Lichtquellen war in störendem Mafse bei der halbzerstreuten Beleuchtung mit Bogenlampen in Dreischaltung vorhanden, weshalb diese Art der Beleuchtung ohne Vorschaltwiderstände für Schulen und Hörsäle nicht zu empfehlen ist. Bei Bogenlampen mit um- gekehrter Kohlenstellung trat je nach Konstruktion mehr oder minder häufig ein Zucken (Aufblitzen) auf, welches je nach Stärke und Häufigkeit mehr oder minder störend war.

Dagegen traten allmähliche Änderungen in der Beleuch- tungsstärke in mefsbarer Gröfse auf. Diese dürften jedoch zum gröfsten Teil innerhalb der Grenzen der Beobachtungs- fehler liegen, und waren so geringfügig, dafs sie jedenfalls keine praktische Bedeutung haben.

4. Die Abnahme der Platzbeleuchtung infolge längerer Brenndauer war bei den Gasglühkörpern innerhalb der praktisch in Frage kommenden Benutzungszeiten nur gering. Die Abnahme betrug bei den beiden für gewöhnliches Gasglüh- licht verwendeten Glühkörpersorten nach 300 Brennstunden nicht über $5,9 \%$ und nach 600 Brennstunden nicht über $13,5 \%$.

Bei der Messung der horizontalen Lichtstärke am Photometer ergab sich für die Glühkörper Sorte A nach 600 Brennstunden eine Abnahme der Lichtstärke um $18,5 \%$ und für Sorte B unter gleichen Umständen von $11,7 \%$. Bei den Glühkörpern für Prefsgasbeleuchtung betrug die Abnahme für Selaslicht nach 200 Brennstunden $2,8 \%$ und für Millen- niumlicht nach 182 Brennstunden 14%.

5. Die Schattenbildung trat nur bei halbzerstreuter Beleuchtung beider Lichtarten in merklichem Mafse auf.

6. Die Zusammensetzung der Luft änderte sich in unbesetzten Sälen bei elektrischer Beleuchtung nicht erheblich, während bei Gasbeleuchtung — auch in ihren neueren Formen — in den nicht ventilierten Sälen binnen kurzer Zeit eine sehr merkliche Zunahme des Kohlensäuregehaltes eintrat.

Die Temperatursteigerung war bei der Gasbeleuchtung beträchtlicher als bei der elektrischen.

Dagegen haben die Versuche gelehrt, daſs die Konkurrenzfähigkeit des Gasglühlichtes gegenüber dem elektrischen Bogenlichte in ganz unerwartetem Maſse schon durch höchst primitive Lüftungsvorrichtungen (Abzugsöffnungen knapp unter der Decke) gesteigert werden kann.

Bei mit Menschen besetztem Saale und geöffneter Abzugsklappe waren die Unterschiede in den Temperaturzunahmen bei beiden Beleuchtungsarten so gering, daſs sie hygienisch als bedeutungslos bezeichnet werden dürfen. Die Endkohlensäuregehalte waren sogar bei der Gasbeleuchtung ein wenig kleiner, was durch die ventilierende Wirkung der durch die Gasbeleuchtung erzeugten gröſseren Wärmemenge zu erklären ist.

Ein hygienisches Bedenken gegen die Verwendung von Gasglühlicht zur Intensivbeleuchtung von Zeichensälen u. dgl. Räumen auf indirektem Wege liegt durchaus nicht vor, falls die Beleuchtungskörper nahe der Decke angebracht sind und für zweckmäſsigen Abzug der Verbrennungsprodukte gesorgt wird.

7. Die Kosten stellten sich,

a) wenn man nur den Gasverbrauch und den Verbrauch an elektrischer Energie ins Auge faſst, bei einem Preise von 20 Pf. für 1 cbm Gas und 6 Pf. für 1 HW-Stunde bei halbzerstreutem Licht und mäſsiger Helligkeit (25 Lux) mit Zweischaltlampen rund dreimal, mit Dreischaltlampen rund doppelt so hoch wie bei Gasglühlicht.

Bei zerstreutem Licht und groſser Beleuchtungsstärke (80 Lux) war die Beleuchtung mit Preſsgas (Selas, Millennium) am billigsten, diejenige mit elektrischem Bogenlicht und normaler Kohlenstellung rund $2^1/_4$ mal so teuer, bei umgekehrter Kohlenstellung hingegen nur rund $1^1/_2$ mal so teuer. Die Kosten des gewöhnlichen Gasglühlichtes waren ungefähr denen des Bogenlichtes mit umgekehrter Kohlenstellung gleich.

5

b) Zieht man alle Nebenkosten in Betracht, so stellte sich für den vorliegend ermittelten Fall das Kostenverhältnis wie folgt:

Halbzerstreute Beleuchtung (25 Lux)

Gasglühlicht 1; elektrisches Bogenlicht mit Zweischaltlampen 2,8; mit Dreischaltlampen 2,0.

Zerstreute Beleuchtung (80 Lux)

Preßgas: Selaslicht 1,0, Millenniumlicht 1,1; gewöhnliches Gasglühlicht 1,2;

Elektrisches Bogenlicht mit normaler Kohlenstellung 1,6; mit umgekehrter Kohlenstellung 1,1.

München, im Januar 1905.

Die Versuchskommission:

Dr. O. Eversbusch, Professor der Kgl. Universität und Vorstand der Universitäts-Augenklinik in München.

Dr. M. Gruber, kgl. Obermedizinalrat, Professor der Kgl. Universität und Vorstand des Hygienischen Instituts in München.

H. Recknagel, Dipl.-Ing, Ingenieur für Heizungsanlagen in München.

H. Ries, Direktor der städtischen Gaswerke in München.

Dr. Schilling, Zivilingenieur in München.

Dr. C. Seggel, Generalarzt z. D. in München.

Dr. E. Voit, Professor für Elektrotechnik an der Technischen Hochschule in München.

❖❖❖

www.ingramcontent.com/pod-product-compliance
Lightning Source LLC
Chambersburg PA
CBHW031453180326
41458CB00002B/756